Cornelia Seewald

Storytelling im Coaching

EHP

Kompakt

Dr. Cornelia Seewald, C.O.S.T. Concept Düsseldorf; Diplompsychologin; Changemanagement-Beraterin und Senior Executive Coach DBVC; Arbeitsschwerpunkte: Leadership, Strategie- und Organisationsentwicklung, Wirtschafts- und Unternehmensethik, Führung und Zusammenarbeit im digitalen Zeitalter; Autorin (zuletzt als Co-Autorin: Fildhaut/Happich/Höher/Kiggen/Messerschmidt/Reinhardt/Seewald: *Führungsfrauen im Blick. Führung im Wandel*, 2020);
www.costconcept.de

Cornelia Seewald

Storytelling im Coaching

›Der rabenschwarze Rucksack‹
und andere Geschichten
für Coach und Coachee

Mit einem Vorwort von Wolfgang Looss

– EHP 2022 –

www.ehp-verlag.de

Bibliografische Information der Deutschen Nationalbibliothek
Die Deutsche Nationalbibliothek verzeichnet diese Publikation in der Deutschen Nationalbibliografie; detaillierte bibliografische Daten sind im Internet über http://dnb.d-nb.de abrufbar.

Dieses Buch ist auch als E-Book erhältlich

Umschlagentwurf: Uwe Giese – unter Verwendung eines Bildes von AlanMcDonald auf pixabay –

Satz: MarktTransparenz Uwe Giese, Berlin
Gedruckt in der EU

print-ISBN 978-3-89797-143-1
epub-ISBN 978-3-89797-696-2
PDF-ISBN 978-3-89797-697-9

Inhalt

Vorwort von Wolfgang Looss

Vorwort von Wolfgang Looss

Das Erzählen von Geschichten ist unter dem Begriff des ›Storytelling‹ als Arbeitsform und Stilmittel extrem populär und wird auch heute noch und wieder in vielfältigen Varianten genutzt. Das ist nicht verwunderlich, es ist immerhin das allererste und älteste Kommunikationsformat, das die Menschheit erfunden hat, und dürfte damit vor etwa 50.000 Jahren entstanden sein. Das Teilen und Weitergeben von Selbsterlebtem oder Gehörtem per Sprache ist auch heute noch die Basis aller Kommunikationsbemühungen, mit denen Menschen in Palaver-Situationen kollektiv Orientierung produzieren. Da liegt es nahe, so gut erprobte Muster auch auf ihren Beitrag zu komplexen Beratungsvorgängen wie Coaching hin zu untersuchen. So weit so naheliegend.

Doch spätestens seit den Tagen der Aufklärung mit ihrem Hang zu Daten, Fakten und Logik erfährt ein solches Nutzen von Erzähltem eben auch eine abwertende Deutung: Die bloß »anekdotische Evidenz« des erzählten Einzelfalls beim Storytelling genießt in Analysten- und Wissenschaftszirkeln ja nach wie vor einen eher begrenzten Ruf hinsichtlich Erkenntnisgewinn, Wissensgehalt und Übertragbarkeit und damit an Relevanz. Die berühmte ›Evidenzbasierung‹ in den diversen Wissenschaften und anspruchsvollen Handlungsfeldern ist eben immer noch vorwiegend orientiert an Zahlen, Daten, Fakten, braucht ihre Doppelblindstudien und zielt auf prinzipienträchtige stochastische Generalisierungen. Und genau an dieser Stelle bekommt dieses feine kleine Buch von Cornelia Seewald seine wegweisende Bedeutung für das Beratungswesen und insbesondere das Coaching. Beim Geschichtenerzählen wird konsequent und unausweichlich auf diese – ganz andere – Form der Erkenntnisproduktion gesetzt: fallgebunden, personenbezogen, emotionalisiert und phänomenologisch. Es geht beim Verarbeiten von Geschichten viel deutlicher um Integration und Passung, um Selbststeuerung und Nachhaltigkeit, weniger um vorab konfigurierten ›Lernerfolg‹.

Und ›Beratung‹ als hoch anspruchsvolles Sprachspiel kann nun mal gar nicht ›wirksam‹ sein, wenn man vordergründig gemäß wissenschaftlich-pädagogischer Herangehensweise auf die Instruierbarkeit jenes Individuums vertrauen müsste, das sich am besten die gesicherten Erkenntnisse der Wissenschaft einverleiben kann. Das alles gehört längst zum kleinen Einmaleins systemisch-konstruktivistischer Herangehensweise, bekommt aber durch die hier behandelte Wiedereinführung der ›erzählten Geschichte‹ in die beraterische Praxis einmal mehr seine gar nicht selbstverständliche Bedeutung.

Die hier angedeutete Unterscheidung wurde und wird in unterschiedlichem Maße beachtet, in vielen Arbeitsfeldern wird sie bis heute intensiv ignoriert. Vielmehr werden ›Geschichten‹ instrumentalisiert und von wirksamkeitsorientierten Kommunikatoren zur absichtsvollen pädagogischen Intervention missbraucht. Die beiden grundverschiedenen Intersubjektivitätsmuster werden also gerne und in aller Ignoranz fröhlich vermischt. Schon die Fabeln der Antike, aber eben vor allem die populären Sozialfiguren des 19. Jahrhunderts kamen eingepackt in Geschichten daher, die – durchschaubar – mit mehr oder minder expliziter Moral hinterlegt waren. Man denke nur an den Struwwelpeter des erzieherisch besorgten Psychiaters Heinrich Hoffmann oder an die beiden ungezogenen, aber lustigen Knaben Max und Moritz von Wilhelm Busch.

Da wird die erzählte Geschichte dann zu einem bloßen kommunikativen Formatierungstool für die Aufbereitung etablierter Lehren zum kindlichen Wohlverhalten. Und das ist heute in vielen Bereichen populistischen »storytellings« immer noch so: In den meisten Kommunikationsfeldern in Marketing, PR, Finanzwesen, Erziehung und gesellschaftlicher Einflussnahme degeneriert die unterhaltsame, tragische oder motivierende »story« zum bloßen Transportmittel für längst vorgedachte Inhalte und wird damit zum Behälter für abgehangene Sollensvorstellungen, immer in der Hoffnung auf wohlwollende Aufnahme. Was dabei jedoch meist entsteht, hat schon Goethe im Tasso lakonisch formuliert: »so fühlt man Absicht und man ist verstimmt«.

Beratung als reflexive Dekonstruktionsarbeit und radikale Selbstreflexion kann bekanntlich so nicht funktionieren, und in diesem Buch über Storytelling wird das wunderbar deutlich. Wenn erzählte Geschichten in der Beratung als

Arbeitsform eingesetzt werden, dann ist das nur sinnvoll, wenn das jeweils Erzählte sich auch tatsächlich erst im Auge des Betrachters – also durch Rezeptionsarbeit bei Klientin und Klient – unvorhersehbar und ungesteuert vollenden kann. Und auf diesen Grundzusammenhang weist die Autorin durch die Form ihrer Geschichten und in ihren Anwendungshinweisen elegant, aber konsequent hin. So wird ihr Buch zum charmanten Erinnerungshelfer für immer wieder vergessene und oft missachtete Grundmuster beraterischer Wirksamkeit und für die Eigendynamik von Geschichten als besondere Form der Intersubjektivität. Das finde ich professionell wohltuend und immer noch nötig.

Der etwas altmodisch gewordene Begriff der ›Hermeneutik‹ wäre hier aus der Schublade hervorzuholen: Im Wechselspiel zwischen gehörter Geschichte und subjektiver Rezeption, im Austausch und im mehrfachen Durchwandern der berühmten ›hermeneutischen Schleifen‹ erst entsteht in Eigenfertigung eine Orientierung, die keine Instruktion der Welt hinbekommt, ganz gleich in welcher schicken Geschichte sie auch verpackt wäre.

Dazu braucht es exzellentes Handwerk bei den auszuwählenden oder zu fabrizierenden Texten der vorgestellten ›Geschichten‹. Hier zeigt sich – natürlich – die opulente Erfahrung der Autorin aus Jahrzehnten beraterischer Arbeit. Ihre Geschichten wirken wie eine Essenz, sind sprachlich sorgsam gearbeitet, von eleganter Schlichtheit. Sie kommen ohne jeden erzieherischen Impetus daher, wirken einladend und im besten Sinne ergebnisoffen. Das macht Lust auf Experimente und erinnert mich in der Anmutung an den Literaten und Spötter Karl Kraus, der einst schrieb: »Es gibt Schriftsteller, die schon in zwanzig Seiten ausdrücken können, wozu ich manchmal sogar zwei Zeilen brauche.«

Diesem liebenswerten und klugen Buch wünsche ich eine weite Verbreitung in Beratungsausbildungen gleich welcher Art. Und möge es auf Nutzerinnen und Nutzer treffen, die ihre systemischen Hausaufgaben gemacht haben.

Darmstadt, im Februar 2022

Einleitung

Die explosionsartig zunehmende Digitalisierung in allen Lebensbereichen – nicht zuletzt beschleunigt durch die Corona-Pandemie – führt vermehrt zum Verlust »sozialer Orte«: In einer Homeoffice-Arbeitswelt fehlt die spontane Zusammenkunft beim Kaffee, Fahrgemeinschaften entfallen, der kollegiale Lunch in der Betriebskantine ist ersatzlos gestrichen. Analoge Konferenzen, Teamentwicklungen, Projektmeetings oder Fortbildungen gehören nahezu der Vergangenheit an. In der privaten Umwelt greifen zahlreiche Vorsichtsmaßnahmen: Begegnungen nur im kleinsten Kreis, jede Art von Reiseeinschränkungen, Vereins- und Clubgeschehen reduziert, Begrüßungs- und Abschiedsroutinen extrem formalisiert. Mehr und mehr Anteile unseres Lebens verlagern sich in eine virtuelle Welt. Wo erleben wir noch auf konventionelle Weise sozialen Zusammenhalt?

Nach ersten Erkenntnissen leiden nicht nur Kinder und Jugendliche unter diesen Rahmenbedingungen, sondern auch Erwachsene klagen über Deprivationsmerkmale unterschiedlichster Art. Zwar gibt es noch wenig wissenschaftlich gesicherte Ergebnisse, Plausibilitätskriterien jedoch geben ausreichend Anlass zur Sorge. Genug Grund also, nach Alternativen zu suchen, die diesen Verlust sozialer Orte ausgleichen, kompensieren, abmildern können.

Seit Urzeiten erzählen Menschen Geschichten oder lesen sie (vor) und transportieren damit Wissenselemente von Generation zu Generation, von Nation zu Nation, von Drama und Lösung, von Gut und Böse, von Heldentum und Räuberei – denn nur ein Bruchteil kann individuell selbst erlebt werden – wir lernen durch Geschichten. So profitieren wir von Märchen, Büchern und Filmen, Theaterstücken und Opern: Wir projizieren uns in die jeweiligen Szenarien, nehmen Partei, bewundern oder verachten, vergleichen uns mit dem ein oder anderen Charakter, lassen uns anregen oder grenzen uns schärfstens ab. Wir nutzen seit je her eine Vielzahl von Erzählweisen aller Orten – um uns im sozialen Kontext zu positionieren und damit eine soziale Verbundenheit nachzuempfinden oder für uns zu kreieren. Warum nicht auch im Coaching – systematisch, strukturiert und absichtsvoll – dem Coachee zu ermöglichen?

Storytelling als Coaching-Tool

Mit dem vorliegenden Band liegen achtzehn Geschichten vor, die ›soziale Orte‹ umreißen: Alltagssituationen, geprägt von Protagonisten, die kleine und weniger kleine Lebensaufgaben bewältigen. Die Leser*innen besuchen somit einen ›virtuellen sozialen Ort‹. Ein solcher Besuch kontrastiert lange Stunden vor dem Bildschirm, leitet die Phantasie auf unbekanntes Terrain, setzt Impulse für Reflexion und bringt das Denken ins Fließen. Unabhängig von Ort und Zeit kann er stets besucht werden. Die Leser*innen entscheiden, wann, wo und in welchem

Umfang. Bei Interesse und je nach Anlass kann dieser virtuelle soziale Ort Thema zwischen Coach und Coachee sein, muss es aber nicht. Der Coach kann am Beispiel einzelner Plots professionelles psychologisches Wissen erläutern, falls es den Coachee interessiert. Jede Geschichte, jeder Plot steht für sich und ist in sich schlüssig. Unabhängig von einer tiefergehenden professionellen Betrachtung können die Leser*innen, Coaches und Coachees individuelle Erkenntnisse oder Schlüsse daraus ziehen und/oder über spezielle Identifikationsmomente einen Gewinn verbuchen. Die einfache Auswertungsfrage der Leserschaft lautet:

- Hat das was mit mir zu tun und wenn ja, was? Oder:
- Was nehme ich mit aus der jeweiligen Geschichte?

Die Methode

Storytelling ist eine Methode, um Wissensbestände, Informationen, Botschaften u. ä. anschaulich, emotionalisierend und allgemeinverständlich zu vermitteln. Sie grenzt sich ab von dem Begriff der *Learning Histories*, mit dem ein komplexeres Erfahrungswissen umschrieben wird, nämlich das von zahlreichen Menschen einer Organisation, von Teams und Mitarbeitern unterschiedlicher Ebenen, das Erlebnisse aus der Vergangenheit erfasst und aufgrund der Multiperspektivität in der Zusammenschau die Kultur einer Zusammenarbeit oder Unternehmensentwicklung abbildet. Dabei steht die Transparenz von Konflikten, Missmanagement oder auch ungenutztem Potenzial im Vordergrund, um Fehlerwiederholungen zu vermeiden.

Die Ergebnisse werden in verschiedenen Gruppierungen bearbeitet und so zukünftigen Projekten und Ähnlichem zugänglich gemacht. Einsatzfelder finden sich seit langem im Marketing, in der transkulturellen Arbeit und der Organisationsentwicklung, dem Transition Management.

Storytelling grenzt sich dadurch ab, dass es als Coaching-Tool einen eingegrenzten Erfahrungsraum und/oder Lebenssituation wiedergibt, nämlich den einiger weniger Akteure, die nicht mit dem Coachee oder dem Coach identisch sind. Diese Geschichten können real oder konstruiert sein.

Storytelling als Coaching-Tool gilt als ergänzendes Angebot im Beratungsprozess. Der bewusste Einsatz kann auf spielerische Weise Impulse setzen, die den Reflexionsprozess des Coachees erleichtern und bereichern. Die individuelle Passung von Formaten, Konzepten oder Tools hat einen entscheidenden Einfluss darauf, wie sehr der Coachee profitiert, wie schnell und wie tiefgreifend damit zusammenhängend auch andere Wirkfaktoren wie Beziehung und Motivation, Selbstwirksamkeit und Psychodynamik Ergebnisse erzielen. Eine breite Methodenkompetenz seitens des Coaches und ein variantenreicher Einsatz ergänzender Maßnahmen stehen im Dienst des Coachees. Gerechtfertigt ist, was ihm/ihr nützt.

Inhalt der Geschichten

Diese Geschichten sind kurze Momentaufnahmen, Situationsbeschreibungen, Reflexionen, Ereignisketten oder verdichtete Entwicklungsphasen, die in erzählerischer Form Alltagsinteraktionen beschreiben, ausschnittweise Szenerien, die von verschiedenen Akteuren bestimmt werden. In diesen Plots wird die Struktur psychologischer Konzepte deutlich, ohne dass diese explizit benannt oder erläutert werden. Dabei handelt es sich u. a. um folgende:

- Selbstreflexionskompetenz
- Eigene Ressourcen stärken
- Entwicklung von Zielklarheit
- Projektionen
- Mustererkennung
- Extraversion/Introversion
- Traumarbeit
- Selbststeuerungskompetenz
- Resilienz

Die Leserschaft begegnet in diesen Geschichten den Erlebnissen und Erfahrungen, den Konflikten und Lösungsstrategien von Akteuren, die aus ihrer Nachbarschaft stammen könnten. Der jeweilige Plot ist glaubwürdig, die einzelnen Charaktere handeln kohärent. Die Handlungsabfolgen sind schlüssig, zuweilen überraschend. Damit eröffnet sich eine potenzielle Realität, die erlaubt, eigene Themen in einem anderen Licht zu sehen, einen Perspektivwechsel vorzunehmen, ohne dass die individuelle Thematik zu einem Allgemeinplatz abgewertet wird. Auch wenn sich die individuelle Thematik des Coachees nicht in einer Geschichte wiederfindet, so bieten sich dennoch reichlich Momente an, die eine Resonanz in den Leser*innen auslösen. Der Reiz des Bändchens liegt in der Varianz der Geschichten, der Plausibilität der Alltagssituationen und der individuellen Szenarien.

Die Protagonisten dieser Kurzgeschichten sind einerseits bestimmt vom modernen Zeitgeist, andererseits gefangen in den Urkräften der menschlichen Natur: Liebe, Trauer, Verzweiflung, Sehnsucht oder Glückseligkeit. Sie lieben ein Leben lang, ohne es zu wissen, sie suchen Verlorenes und finden Überraschendes, Iris findet ihren Traummann und verliert ihn wieder, Catherine fliegt Tausende von Kilometern in ein fremdes Leben, Max erweist sich als platonischer Liebhaber, Romeo stirbt viel zu früh und Isabella löst sich in Musik auf. Um nur einige zu nennen.

Eine ihnen innewohnende transformative Kraft öffnet den Protagonisten neue Perspektiven: Biografischen Brüchen folgen überraschende Lebensentwürfe, überkommene Muster werden mit unentdecktem Potenzial überwunden, Bekenntnisse zur eigenen Sexualität setzen neue Ressourcen frei. Diese allgegenwärtige transformative Kraft bedarf oft nur eines geringen Anstoßes von außen, um sich zu entfalten und jedem individuellen Leben seinen unverwechselbaren Glanz zu geben. Dabei bleibt unerwähnt, worin der Anstoß von außen besteht.

Die achtzehn Geschichten geben beispielhaft Zeugnis von den Möglichkeiten, die im Konzept der *Selbstaktualisierungstendenz* in der Persönlichkeitstheorie von Carl Rogers postuliert werden. Das Konstrukt der *Fully Functioning Person* gilt als das Momentum, das in jeder individuellen Entwicklung angelegt ist und grundsätzlich nach Verwirklichung strebt.

Zehn Thesen zum Nutzen von Storytelling als Coaching Tool

1. Geschichten im Coaching transportieren Lösungswege in narrativer Form, deren Anschaulichkeit motivierend wirkt. Jede Geschichte, die letztlich gut ausgeht, entspannt und findet in der Regel Zustimmung. Über Wandlungs- und Veränderungsprozesse, die die Akteure dieser Geschichten durchleben, wird deutlich, welche Prinzipien diesen immanent sind, und dass diese höchst individuell verlaufen. So können einige Modellcharakter für den Coachee haben.

2. Indem der Coachee die innere Logik einer Geschichte versteht, kann er Prinzipien und Muster nachvollziehen, die für die eigene Situation oder das eigene Anliegen klärend sind. Damit gewinnt er ein tieferes Verständnis seiner Thematik.

3. Die Akteure einer Geschichte bieten dem Coachee Identifikations- und Abgrenzungsmöglichkeiten mit der eigenen Rolle oder Situation und er/sie nimmt sich damit differenzierter wahr. Auf diese Weise kann er sein Selbstbild schärfen, modifizieren, aktualisieren. Er kann Akteure als Alter Ego wahrnehmen oder auch Merkmale finden, die er für erstrebenswert hält.

4. Mit Hilfe einer Geschichte kann sich der Coachee ›wie im Spiegel‹ betrachten, ohne dass er eine gene-

ralisierte Sicht auf seine Thematik erhält, durch die er sich möglicherweise abgewertet fühlt. Er macht sich die Individualität der Akteure zu Nutze, bewahrt damit die eigene Individualität. Beispiel: Eine Coachee betrauert den Ehebruch ihres Mannes, die passende Geschichte hat eine solche Thematik in vergleichbarer Form, die Coachee kann beide Situationen miteinander vergleichen und muss sich nicht damit trösten, dass es vielen Frauen so geht.

5. Geschichten bieten im Coaching wie andere Erzählformen auch – Romane, Märchen, Filme, Theaterstücke, Opern – die Möglichkeit, Wissen zu erwerben, ohne alles Wissenswerte selbst erfahren oder erleben zu müssen. Der Coachee kann sich prinzipiell mit jedem Akteur vergleichen, kann seinen jeweiligen individuellen Maßstab anlegen und kann Entscheidungen, Verhalten oder Motivationen mit denen der Akteure abgleichen und gegebenenfalls neu bewerten. In diesem Sinne betrachtet er die Akteure als für ihn stellvertretend Handelnde.

6. Wenn Coach und Coachee eine Geschichte gemeinsam reflektieren, klopfen sie sie auf Erkenntnisse ab, die der Coachee als für sich bedeutsam definiert. Indem der Coachee auswählt, entscheidet er selbst, welches Wissen für ihn relevant ist. Er behält die Deutungshoheit über das, was für ihn wesentlich ist und was nicht. Der Coach kann bei Bedarf aus seiner Perspektive und/oder Professionalität ergänzen.

7. Der Coachee kann ganz unabhängig vom Coach die Geschichten lesen und für sich auswerten und bei Bedarf mit ihm seine Eindrücke teilen. Damit erlebt der Coachee einen gewissen Grad an Unabhängigkeit bzw. Selbstständigkeit, die seinen Entwicklungsprozess fördert.

8. Der Coachee kann durch die Lektüre oder durch den Coach angeregt werden, seine eigene Geschichte aufzuschreiben, um sich auf andere Weise seiner Thematik zuzuwenden. Er kann sie auch für eine andere Person aufschreiben.

9. Geschichten eignen sich gut für ›verkopfte‹ Menschen oder Menschen, die keinen leichten Zugang zu ihren Gefühlen haben. Dadurch, dass unmittelbar Bilder entstehen, adaptiert der Coachee das inhaltliche Geschehen auf eine sehr eigene Weise, ›sein‹ Bild ist nah an seinem Erleben, der Zugang zu eigenem Empfinden fällt ihm leichter.

10. Der durch die Digitalisierung zunehmende Verlust faktischer sozialer Orte fordert verstärkt nach ausgleichenden Optionen. Will man sich nicht gnadenlos dem Metaversum ausliefern, sind gute Geschichten Bestandteil des guten Lebens in der herkömmlichen Realität. Das Lesen oder Erzählen einer guten Geschichte kann wie der Besuch eines virtuellen sozialen Ortes wirken und auf diese Weise den gesellschaftlichen und/oder zwischenmenschlichen Zusammenhalt stärken. Im Coaching-Projekt hat es den Effekt, dass sich der Coachee im Kontext einer anonymen aber vorstellbaren sozialen Situation einfinden kann, die stellvertretend für eine tatsächlich von ihm erlebte oder erfahrene Situation fungiert.

Der praktische Einsatz von Storytelling als Coaching Tool

Beim Einsatz von Storytelling als Coaching-Tool sollte das Bändchen sowohl im Besitz vom Coach und auch vom Coachee sein.

Nach den ersten Sitzungen kann der Coach den Kauf des Bändchens anregen oder es dem Coachee schenken.

Der Coach kann auf eine oder mehrere spezielle Geschichten hinweisen, sofern er eine besondere Passung zur Thematik des Coachees erkennt. Zugrunde liegende Wertedimensionen, normative Glaubenssätze, konventionelle Verhaltensregeln oder kulturelle Spezifika können abgeleitet werden und so einen zielführenden Dialog befruchten.

Ist der Coachee grundsätzlich psychologisch interessiert, reicht ein Hinweis des Coaches auf die Lektüre als solche und die Bereitschaft, gegebenenfalls gemeinsam über das ein oder andere zu reflektieren.

Die Lektüre des Bändchens dient ganz allgemein zur Abrundung von Erfahrungswissen über psychologische Prozesse. Jede Geschichte ist in sich schlüssig und kann ohne weiteren Kontext verstanden werden. Unter Umständen macht eine Geschichte neugierig auf mehr, und der Coachee forscht nach weiteren Quellen, um seinen Wissensdurst zu befriedigen.

In der Endphase eines Coaching-Projektes kann der Coachee seine eigene Coaching-Geschichte schreiben, um den Prozess und seine Ergebnisse in einen für ihn relevanten und stimmigen Zusammenhang zu bringen. Der Coach kann bei Bedarf als Co-Creator agieren.

In der Coaching Ausbildung können die achtzehn Geschichten als Anschauungsmaterial eingesetzt werden im Sinne der Konfliktreflexion und entsprechender Handlungsoptionen, der Motivanalyse und Potenzialerkennung.

Die Verwendung des Bändchens als gemeinsames Dokument von Coach und Coachee im Coaching-Projekt erlaubt durch die Kürze der Geschichten den Einsatz bei Menschen, die nur wenig lesen, wenig Zeit dafür investieren wollen oder können, bei Menschen, die langsam lesen oder schnell ermüden, bei Menschen, die zunächst wenig Wert auf Abstraktion oder theoretischen Überbau legen. In diesem Sinn ist es eine niederschwellige Lektüre, die jedermann und jederfrau zugänglich ist. Auch altersbedingt gibt es kaum Einschränkungen: vom jungen Erwachsenenalter bis in die Seniorenphase sind die Geschichten nachvollziehbar und nicht gefährdend.

Weiterführende Literatur

Erlach, Ch. / Müller, M. (2020): Narrative Organisationen. Wie die Arbeit mit Geschichten Unternehmen zukunftsfähig macht. Wiesbaden: Springer

Ettl-Huber, S. (Hg.) (2019): Storytelling in Journalismus, Organisations- und Marketing-Kommunikation. Wiesbaden: Springer

Kopfmüller, J. et al. (2001): Nachhaltige Entwicklung integrativ betrachtet. Konstitutive Elemente, Regeln, Indikatoren. Baden Baden: Edition Sigma

Loebbert, M. (2008): Storymanagement. Der narrative Ansatz für Management und Beratung. Stuttgart: Schäffer-Poeschel

Rogers, C.R. (2021): Entwicklung der Persönlichkeit. Stuttgart: Klett-Cotta

Seewald, C. (2013): Changemanagement Personzentriert. In: S.B. Gahleitner et al. (Hg.): Personzentriert beraten – alles Rogers? Theoretische und praktische Weiterentwicklungen. Weinheim: Beltz

Seewald, C. (2015): Coaching im Mittelstand. Professionelle Beratung »von Nebenan«. In: A. Schreyögg / Ch. Schmidt-Lellek (Hg.): Die Professionalisierung von Coaching (S. 357–372). Wiesbaden: Springer

Seewald, C. (2021): Coaching im Mittelstand. In: C. Rauen (Hg.): Handbuch Coaching (S. 619–638). Göttingen: Hogrefe

Thier, K. (2016): Storytelling. Eine Methode für das Change-, Marken-, Qualitäts-, und Wissensmanagement. Wiesbaden: Springer

1. Hingabe

Isabella spielt seit ihrem dritten Lebensjahr Geige; die Ausbildung hat ihr Disziplin und den Eltern manchen Verzicht abverlangt. Heute, inzwischen siebzehn, ist ihr ersehnter, erster großer Bühnenauftritt. Das Abendkonzert im Rahmen eines internationalen Wettbewerbs wird in zahlreiche Länder live übertragen. Die reichlich vertretene Presse liegt auf der Lauer.

Noch verharrt Isabella in ihrer Garderobe. Die Arme aufgestützt, hält sie den Kopf mit beiden Händen, die Innenflächen spüren den fließenden Rhythmus des Blutes in den Schläfen, sie ruhen auf den Wangen, ihre Fingerspitzen greifen das in die Stirn fallende Haar. Das Lampenfieber durchpulst sie mit brennender Heftigkeit. In wenigen Minuten wird sie die paar Stufen seitwärts des Podiums hinaufsteigen, das Instrument anlegen und einen ersten Ton allen anderen voranschicken. Heute Abend setzt sie alles auf eine Karte; die Live-Übertragung in so viele Länder ist ihre Chance, ihr Durchbruch, muss ihr Durchbruch werden. Heute Abend wird sie sich weltweit an die Spitze der »Genious Violin-Players of Tomorrow« setzen!

Der quälende Ehrgeiz! Wieder schiebt er sich vor den Auftritt, schiebt sich zwischen sie und ihr Spiel, verkürzt ihren Atem, schiebt sie mit Macht in diesen gefühlten, immer enger werdenden Tunnel, dem sie entfliehen will und es nicht kann.

Dann blinkt das rote Sendelicht, es ist so weit, ohne Aufschub verlässt Isabella ihren Sessel, tritt aus der Garderobe in den schwach beleuchteten Gang, die Tür zum Konzertsaal öffnet sich und sie geht der Bühne entgegen wie in Trance. Sie hört das schwache Raunen des Publikums, vereinzeltes Hüsteln und Räuspern, nach und nach erlöschen alle Lichter und Dunkelheit beherrscht den Raum.

Oft hat sie es erlebt: die diffuse Klarheit vor dem Auftritt, kleinste Reaktionen des Publikums, die prüfenden Blicke, die fliehenden Gedanken zum erhofften Applaus, das ewige Lampenfieber, die elende Furcht, alles zu vergessen und ins Bodenlose zu fallen, dem Schwindel zu erliegen.

Federleichter Schritt, schwebend, wie abwesend, lässt sie die Bühnentreppe hinter sich. Spotlight. Eine leichte Verbeugung zum Publikum. Es verstummt.

Vergiss es! Vergiss es! Isabella blendet ihr Umfeld aus, atmet die Spannung aus dem Körper, visualisiert ein grenzenlos weites Meer mit kaum wahrnehmbarem Wellengang, Ruhe fließt durch ihre Glieder, alle Enge hat sich verflüchtigt, luzide Sinnlichkeit steigt auf, sie gleitet in eine andere Sphäre – ihr Ich: aufgelöst.

Der Saal schweigt, Isabellas Atem geht lautlos einem eigenen Rhythmus nach, sie ist ganz bei sich; jede Dualität scheint aufgehoben. Ausgelöscht die Momente der Turbulenz, vergessen die Augenblicke von Hoffen und Bangen, verstummt die nagenden Selbstzweifel. Das Gleichmaß des fließenden Atems hat alle Bedenken weit fortgetragen.

Isabella legt das Instrument an und der erste Ton erklingt. Ton um Ton bestimmt das Spiel, unaufhaltsam erklingen und verklingen Töne im Raum, eine scheinbar endlose Folge auf- und niedergehender Schwingungen; ohne Anstrengung, von allein, ohne Isabellas Zutun. Sie ist ganz und gar eins mit dem Instrument, mit der Musik, ist reine Liebe zum Spiel.

Nach unbestimmter Zeit verliert sich ein letzter Ton, und tosender Applaus setzt ein. Isabella kommt mit ihren Sinnen langsam in den Saal zurück; wie nach einer langen Abwesenheit findet sie sich nach und nach wieder ein und sendet kleine Dankesgesten an das Publikum. Sie hat alles gegeben und alles gewonnen. Jetzt ist sie leer, erschöpft, glücklich.

Epilog: Hingabe

Nicht Du bist es. – Es ist.

Nicht Du bist es, die singt. – Es singt.

Nicht Du bist es, die spielt. – Es spielt.

Nicht du. – Es.

2. Der rosa Fascinator

Schloss Hugenpoett ist ein beliebter Ort der gehobenen Gastlichkeit, beliebt für Konferenzen, Hochzeiten und Konzerte, gelegen im Süden der Stadt; ausgestattet mit einer exquisiten Küche, zieht es das ganze Jahr über seine Besucher an.

Das diesjährige Weihnachtskonzert war schnell ausverkauft, die Gäste an diesem Abend – alle mehr oder minder festlich herausgeputzt – haben ihre Plätze bereits eingenommen. Der jahreszeitlich geschmückte Saal leuchtet in Rot und Grün, aus zahlreichen Kristalllüstern fällt schwaches Licht in den weiten Raum und taucht ihn in eine wohlige Atmosphäre.

Astrid sitzt neben mir und schaut sich interessiert um. Im Publikum wird getuschelt, verhalten gelacht, man räuspert sich oder schweigt erwartungsvoll. Letzte Gäste nehmen die noch wenigen freien Plätze ein.

»Da! Hast du die gesehen? Da, die gerade durch den Seiteneingang gekommen ist? Das ist ja ein schreckliches rosa Ding, was die auf dem Kopf hat!« Astrid flüstert vor Entsetzen. »Wie geschmacklos! Und die blass-rosa Stola macht es nur noch schlimmer! Grauenvoll!« Verächtlich schüttelt sie kaum merklich den Kopf.

»Du regst dich sichtlich auf,« erwidere ich leicht erstaunt.

»Ja, das Ding ist doch furchtbar!« kontert sie.

»Der rosa Fascinator ist nur das, was er ist. Mich amüsiert er eher. Man sieht so etwas ja nicht so häufig.«

»Also, ich kann da kaum hinschauen!« zischt sie noch. Dann gehen die Lichter aus, der Saal verstummt.

Gleißendes Scheinwerferlicht trifft die Bühne, der Vorhang gibt das Orchester frei, die Musik hebt an und füllt den Raum. Das Publikum ist mucksmäuschenstill, scheint sich ganz den vollen Klängen hinzugeben. Zur Pause endlich brandet Beifall auf, verhallt ebenso schnell, und leises Geplauder tritt an seine Stelle.

Astrid kommt auf den rosa Fascinator zurück.

»Wie meintest du das eben: Der rosa Fascinator ist nur das, was er ist?«

»Na, das Ding ist nur das Ding. Du gibst ihm die Attribute, aber du spürst den Ekel, das Grauen ist in dir, auch die Geringschätzung. Das Ding an sich hat ja nur Formen und materielle Eigenschaften: ist farbig, wahrscheinlich aus Tüll und Gaze, handwerklich gestaltet. Mich berührt diese Kopfbedeckung nicht besonders. Deine negative, abwertende Bewertung löst in dir Gefühle aus, die spürst nur du, nicht das Ding. Es ist deine Bewertung, die dich sich schlecht fühlen lässt – der Fascinator fühlt sich nicht schlecht.«

»Du meinst, der Fascinator ist gar nicht hässlich – *ich* mache ihn dazu?«

»Ja, so ungefähr.«

Schneller als gedacht endet die Pause. Der zweite Teil des Konzertes beginnt, die Musik wirkt vertraut, sie durchflutet den Raum. Man glaubt, die Zeit stehe still. Später, nach dem letzten Ton, spendet das Publikum lange anhaltend den verdienten Applaus. Dann leeren sich die Reihen nach und nach, und auch wir holen unsere Mäntel. Beim Hinausgehen kommt Astrid wieder auf unser Gespräch zurück.

»Dass der Fascinator nur durch mich hässlich wird, obwohl er es deiner Meinung nach gar nicht ist, das geht mir noch nach. Aber ich kann doch nicht alles schön und gut finden?! Und mir kann doch auch nicht alles egal sein?!«

»Muss es auch nicht«, beruhige ich sie. »Es reicht zu verstehen, wie wir funktionieren, was passiert, wenn wir dauernd bewerten. Und übrigens, auch das Schöne und Gute, das du im Draußen findest, ist – so gesehen – wesentlich in Dir!«

»Also, ich weiß nicht«, sie zögert noch, »Warum löst denn das eine in mir Wohlgefallen oder gar Freude aus und das andere, extrem gesagt, Ekel oder Missfallen?«

Inzwischen erreichen wir den Taxistand.

»Vermutlich hast du – wie wir alle – gelernt, nach bestimmten Kriterien zu bewerten, und unsere Bewertungen lösen in uns Gefühle aus, knapp gesagt. Und da wir beide den rosa Fascinator unterschiedlich bewerten, empfinden wir entsprechend verschieden.«

»So weit bin ich ja auch bei dir; und das ist doch auch normal, oder? Da ist doch nichts gegen zu sagen!« Damit winkt sie bereits einem freien Taxi zu, schaut mich aber noch fragend an, und ich lasse mich darauf ein.

»Na ja, häufig lassen wir ja nur wirklich gelten, was uns selbst gefällt. Anderes, Fremdes, lehnen wir schnell gern ab, weil wir es geringschätzen. Bei Nebensächlichkeiten mag das wenig bedeutsam sein, aber wenn wir bei zentralen Lebensfragen auch so funktionieren, haben wir sicher reichlich Konfliktpotenzial.«

»Mh, interessant«, sagt sie noch, »lass uns das ein andermal weiterspinnen! Mach's gut«

»Du auch!«

Der Taxifahrer schließt die Tür hinter Astrid und fährt mit ihr davon.

3. Es wird Zeit

Kennen gelernt hatten sie sich im Frühjahr über eine Dating-Plattform. Für sie war es der erste Versuch, auf diese Weise endlich einen Partner zu finden, obwohl ihre Vorstellungen von einem geeigneten Begleiter im Laufe der Zeit immer diffuser geworden waren. In ersten Gesprächen flossen Informationen aus ihrer beider Leben eher spärlich; er erfuhr, dass sie ein Ethnologie-Studium beendet und eine erste Anstellung angetreten hatte, aber noch irgendwie und irgendwann die Kunstakademie besuchen wolle. Ihr schulterlanges Haar trug sie hochgeschlagen und dämpfte damit ihre mädchenhafte Aura, eine Mischung aus Lebendigkeit, Spontanität und Unbeschwertheit. Sie war Ende zwanzig und dachte, es wird Zeit.

Er hatte sich im Erstkontakt deutlich jünger gemacht, was auffiel, als sie einen Blick in seinen Personalausweis werfen konnte. Besonders seine nebelgrauen Augen hatten es ihr beim ersten Treffen angetan. Hinter randlosen Brillengläsern wirkten sie wie im Schaukasten ausgestellt. Von schlanker Gestalt und sicher ein Meter neunzig groß, hätte man ihn vielleicht für einen erfolgreichen Handballer halten können. Sie wusste aber schon, an welcher Universität er einem wissenschaftlichen Lehrberuf nachging. Er hatte die Partnerbörse genutzt, nachdem er erst vor kurzem von Süd- nach Norddeutschland gezogen und eine alte Beziehung sowieso in die Brüche gegangen war. Er suchte einen Neuanfang.

Miteinander sind sie zurückhaltend, tastend, ihre Themen unverfänglich. Sie empfindet, für den Anfang sei es wahrscheinlich ganz normal.

Recht bald entscheiden sie sich für einen gemeinsamen Urlaub in Südeuropa. Sie nehmen den PKW, das bietet Gelegenheit für den ein oder anderen Zwischenstopp. Kurze Aufenthalte in Honfleur, La Rochelle, Biarritz sind willkommene Abwechslungen. Sie kommen mit interessanten Menschen ins Gespräch, die er in fließendem Französisch schnell für sich gewinnt. Er kennt sich in den regionalen Gepflogenheiten bestens aus und beeindruckt sie mit seiner Gewandtheit und der Sicherheit im Umgang mit Fremden. Als sie Portugal erreichen, liegen noch drei weitere Wochen vor ihnen.

In Porto ist die geschichtsträchtige Altstadt schnell erkundet, und da das Wetter mäßig trüb bleibt, gibt es leider keinen Strandtag. Ihre solcherart gefärbte Stimmung will sich nicht aufhellen, und als er eine zügige Weiterfahrt Richtung Coimbra entscheidet, bewundert sie seine unaufgeregte Flexibilität und ist sehr einverstanden. Er hatte Portugal als Urlaubsziel vorgeschlagen und dafür geworben, während sie gern nach Sizilien gereist wäre.

»Vielleicht hätten wir uns doch besser für Süditalien entschieden,« sagt sie beiläufig, als sie sich an die Diskussion darüber erinnert.

»Das ist ja Unsinn,« erwidert er knapp, »wenn wir in den Süden kommen, ist auch hier das Wetter besser. Vielleicht regnet es ja jetzt auf Sizilien.«

Im Juli eher unwahrscheinlich, denkt sie und ist sich nicht sicher, ob er es wohl ironisch gemeint hat. Hat er Humor? Jedenfalls lacht er nicht. Er verteidigt Portugal, denn es war seine Entscheidung gewesen, dafür fühlt er sich verantwortlich, wie er sich für alles, was von seinen Vorstellungen bestimmt ist, verantwortlich fühlt. Während der Fahrt hätte sie ihn gern ins Erzählen gebracht. Sie hofft genauer zu erkunden, wie er sich als Mann in Szene setzten würde, welche biografisch bedeutsamen Erfahrungen er im Einzelnen benennen würde. Sein Verhalten kann sie beobachten, sie hätte eben auch gern mehr über seine Haltungen gewusst.

»Wie ist es dir gelungen, so schnell eine Professur zu ergattern? War das dein Ziel von Anfang an? Haben deine Eltern dich darauf gebracht?«

»Meine Eltern haben nicht viel damit zu tun, sie verstehen nichts von Wissenschaft und Lehre. Es ist mehr mein Ding gewesen, ein paar glückliche Umstände und schon«, er schnappt mit dem Finger, »hat man sich durchgesetzt! Du musst natürlich schon ausreichend Grips haben, und da kann ich ja mit dienen!«

Damit hat sich seine Antwort erschöpft. Seine Selbstbeschreibung besteht aus weiteren formalen Daten: wann er Mitglied in einer politischen Partei geworden war, wann er aus der Kirche ausgetreten war, wie sein Vater die

Familie ernährt hatte. Aber emotionale Färbungen, Momente der Freude und Enttäuschung, Phasen des Zweifels, Hoffnungen, Sehnsüchte, das, was die Seele ausmacht, bleibt im Dunkel. Sie hat Respekt vor seinem formalen Erfolg, aber worauf basiert er? Sie würde gern sehr viel mehr als bisher über seine Persönlichkeit erfahren.

»In welchen Phasen oder Situationen hast du gelitten oder getrauert oder gibt es etwas in deinem Leben, was du bedauerst, was dir vielleicht leidtut?«

»Was meinst du? Fragst du nach Misserfolgen?«

»Nein, ich meine einfach: Was hat dir möglicherweise je wehgetan? Gibt es das überhaupt?«

»Nein, ich glaube nicht, jedenfalls nichts Bedeutendes, zumindest erinnere ich mich nicht.«

Je länger sie sich bemüht, desto einsilbiger wird er. Sie kennen sich seit etwa drei Monaten, sind nun seit acht Tagen unterwegs und sie hat das Gefühl, ihn nicht wirklich zu erreichen. Ihr bleibt nur, auf eine gegenseitige Annäherung im weiteren Verlauf der Reise zu hoffen. Schweigend nimmt sie die vorbeifließende Landschaft wahr. Sie beschleicht ein Gefühl der Einsamkeit.

Als sie Coimbra erreichen, ist das Wetter umgeschlagen. Eine frische atlantische Brise gibt der durchbrechenden Sonne das Geleit und taucht das alte Städtchen in sandige Farben. In den staubtrockenen Gassen tummelt sich ein Gemisch aus Touristen, Studenten und Einheimischen aller Altersgruppen.

Sie bummeln durch die bejahrten Straßen, vorbei an der alten Universität, dem Glockenturm aus dem 18. Jahrhundert und der romanischen Kathedrale. Es gibt viel zu sehen und zu bestaunen. Ihre Skepsis in Bezug auf ihren Begleiter tritt in den Hintergrund, und sie genießt Stunden des sommerlichen dolce far niente.

»Diese alten Gemäuer strahlen so viel Solidität aus, man sieht ihnen die Jahrhunderte des Standhaltens bei Wind und Wetter, heißer Sonne, warmen Regen und stürmischen Wintern direkt an!« Sie gibt ihrer Bewunderung unverhohlen Ausdruck.

»Auch den Revolutionen und frühen Kriegen haben sie standgehalten«, ergänzt er und stimmt in die Bewunderung mit ein.

»Ja, wenn man sich vorstellt, wie vielen Menschen sie schon ein Dach über dem Kopf gewesen sind, ihnen Schutz geboten haben, Familien und Generationen von Familien zu eigen waren, ja dann kann man fast ehrfürchtig werden.«

»Das ist bei sehr alten Bauten so üblich,« fügt er lapidar hinzu.

Klassische Musik ertönt aus einem Innenhof, und wie von selbst befinden sie sich unvermittelt unter den Zuhörern in einem Openair-Konzert. Die Atmosphäre der alten Stadt mit ihrer traditionellen Architektur und den historischen bunten Azulejos stimmt beide versöhnlich – obwohl sie nicht gestritten haben. Ihr ist, als taue ihr

Begleiter langsam auf. Das Wechselspiel ihrer Gefühle überrascht sie immer wieder. Mal fühlt sie sich zu ihm hingezogen – dann wieder nicht. Sie hofft auf einen genussreichen Abend.

Mit einsetzender Dämmerung machen sie sich auf den Weg zum Nachtquartier. In der Hotelbar entspinnt sich ein lebendiges Gespräch über die Eindrücke des Tages. Da die nächste Etappe sie bis Lissabon führen soll, planen sie einen frühen Aufbruch am nächsten Tag.

Ohne Zwischenstopp erreichen sie die Hauptstadt Portugals, stellen das Auto auf einem zentralen Parkplatz ab, ihr erstes Ziel ist der Torre de Belem, danach trennen sie sich, um auf eigene Faust etwas zu erkunden, sich zu verabredeter Zeit wieder zu treffen und gemeinsam ins Hotel zu fahren.

Zum fraglichen Zeitpunkt erscheint sie nicht, da wird er ungehalten. Zunächst vertreibt er sich die Zeit mit der Reiselektüre, bald aber wird er richtig ungeduldig, weil sie sich auch telefonisch nicht meldet. Er läuft über den Parkplatz und darüber hinaus, in der Hoffnung, sie irgendwo zu sehen. Sein Suchen bleibt erfolglos. Ratlos kehrt er zum Auto zurück. Entspannt lehnt sie an der Seitentüre und schaut ihn fragend an. Eine Weile schweigen sie, dann ergreift sie das Wort.

»Wo warst du? Ich warte schon so lange!«

»Du wartest schon lange? Ich suche dich seit einer dreiviertel Stunde! Kannst du nicht pünktlich sein? Ich war in Sorge, dir hätte etwas zugestoßen sein können! Mach das nicht noch mal!«

Damit wendet er sich ab, seinen Zorn kaum verhehlend. Es klingt nicht nach dem Anfang eines Gespräches, und so hält sie den Mund. Befremdet nimmt sie seine Argumentation zur Kenntnis, er hält sie offensichtlich für unfähig, sich in einer fremden Stadt für zwei Stunden zu bewegen ohne sich zu verlaufen.

»Hältst du mich für so begrenzt, dass ich nicht mal zwei Stunden in einer fremden Stadt allein zurechtkomme?« Sie muss ihrer Verwunderung Ausdruck verschaffen, zu irritiert ist sie von der Heftigkeit seines Vorwurfs, dem rüden Ton und der Drohung.

»Und wenn es das Zuspätkommen ist, was dich so in Rage bringt, es waren nur 15 Minuten! Wir sind im Urlaub! Wenn man nicht auf diese Weise großzügig ist, wann denn dann?«

Zum ersten Mal hat sie den starken Wunsch, ihm Grenzen zu setzen. Sein missbilligender, herrischer Ton kann nicht unwidersprochen bleiben.

»Sprichst du mit deinen Studenten auch so? Oder nur mit den weiblichen?«

Sie kann sich einen gewissen Sarkasmus nicht verkneifen, wissend, dass der in aller Regel zu keiner guten Lösung führt. Kein Wunder, denkt sie in diesem Moment, dass er bisher so gut wie gar nicht über frühere Beziehungen gesprochen hat. Sie würde wirklich gern mehr wissen, spart sich aber dramatisierende Spekulationen. Okay, denkt sie, seine vermeintliche Souveränität hat offenbar deutliche Grenzen. Aber ich werde ihn bei nächster Gelegenheit ganz konkret fragen, welche Erfahrungen er mit Frauen gemacht hat. Sein Frauenbild wird er mit mir diskutieren müssen! Damit ist sie entschlossen, seine Schweigsamkeit nicht länger hinzunehmen. Ein neuer Tiefpunkt. Inzwischen wirft die Sonne lange Schatten, ein milder Wind umspielt sie sanft, zwischen ihnen jedoch wird es merkwürdig kühl. Die Fahrt zum Hotel verläuft fast ohne ein Wort, der Abend gestaltet sich ereignislos, die Nacht ist finster und still.

Höfliche Zweisamkeit bestimmt die folgenden Tage, alle touristischen Pflichtübungen werden wahrgenommen. Er weiß über die Kulturgeschichte Portugals, die politischen und gesellschaftlichen Umbrüche umfangreich zu berichten. Nationalstaatlichkeit und Urbanisierung, das sind seine Steckenpferde. Sie schätzt seine beeindruckenden Detailkenntnisse, die ihr das fremde Land näherbringen.

Am letzten Abend in Lissabon besuchen sie eine Fado-Veranstaltung. Die Musik und der melancholische Gesang gehen ihr unter die Haut und entsprechen sehr ihrem originären Urlaubsempfinden. Er ist abgelenkt von einem amerikanischen Studenten, der zufällig neben ihnen sitzt und mit dem er im Austausch bleibt, ohne sie ins Gespräch miteinzubeziehen. Sie fühlt sich abgemeldet, es ist nicht das erste Mal. Seine schnellen Entscheidungen, seine spärlichen Kommentare, seine Unlust, ihren

Gesprächen auch eine emotionale Tiefe zu geben, scheinen ihr mehr und mehr in anderem Licht. Was hat dieser amerikanische Student zu bieten? Ist sie so langweilig, dass er einen Fremden vorzieht, statt sie am Gespräch zu beteiligen? Aber ... wieso sucht sie eigentlich die Schuld bei sich? Sein Verhalten ist nicht nur unhöflich, sondern beschämend! Wäre sie nicht ausgerechnet das Objekt seiner Missachtung, sie hätte Grund genug zum Fremdschämen!

Ihre Rückreise über Madrid, durch Katalonien, entlang der französischen Riviera, durch die Provence und das Elsass dehnt sich über eine gute Woche. Ihm ist wichtig, die Dauer des Urlaubs planmäßig zu nutzen; sie würde gern zügiger nach Hause fahren, gern schneller die beschränkte Zweisamkeit wieder verlassen und in ihrer täglichen Routine wieder freier sein.

»Ich freue mich sehr auf zuhause! Lass uns doch durchfahren, wir haben so viel gesehen, viele Möglichkeiten ausgekostet, viel erlebt! Ich brauche jetzt wieder Heimat!«

»Aber die Strecke ist einmalig schön! Wer weiß, ob und wann wir je wieder hier längs kommen. Lass es uns ganz auskosten!«

Mehr hat er dazu nicht zu sagen. Ist er ein Egoist? Er diskutiert nicht mal das Für-und-Wider mit ihr! Ihr Bedürfnis erreicht ihn nicht. Ihre Entrüstung behält sie für sich. Im Grunde ist sie es leid, nach seinen Motiven zu forschen, und so beschränkt sie sich darauf, ihn nach seinem Verhalten zu beurteilen.

Nach wie vor interessiert an allen architektonischen und landschaftlichen Highlights, bestimmt er weiterhin den Takt der Rückfahrt. Kurz bevor sie das Elsass verlassen, machen sie Rast in einem kleinen Landgasthof. Sie hat noch keine endgültige Entscheidung getroffen und nutzt die Chance für einen letzten Versuch.

»Ich würde dich gern etwas Persönliches fragen!«

»Ja?«

»Mir gehen verschiedene Situationen unserer Reise durch den Kopf, in denen unsere Kommunikation irgendwie hakte. Und ich habe mir öfter die Frage gestellt, welches Frauenbild du wohl hast?!«

»Was ist das denn für eine Frage?« Sein Erstaunen ist nicht gespielt. »Was meinst du?«

»Ja, was traust du Frauen zu? Wofür schätzt du sie? Wenn du sie schätzt! Welche Bedeutung haben sie in deinem Leben?«

»So viele Fragen auf einmal? Also, ich mag sie, wenn sie sanft und ausgleichend sind. Männer gehen ja oft rau miteinander um, da finde ich es gut, ein Gegengewicht zu haben, einen Ausgleich. Du fragst ja jetzt nicht nach dem Erotischen, oder? Das ist ja wohl klar, darüber muss man nicht reden. Und ich schätze sie, wenn sie klug sind, aber nicht zu klug, dann wird es meistens schwierig. Und ja, ich mag Frauen und zwar sehr! Oder hast du einen anderen Eindruck?«

»Frauchen müssen lieb sein.« – Sein Schlusswort.

Sie ist sprachlos. Bald werden wir es hinter uns haben, denkt sie wehmütig, fast hilflos und vor allem ohne Hoffnung, seine emotionale Unnahbarkeit je überwinden zu können. Dass jede ihrer Anstrengungen bisher an seiner Rationalität und Distanziertheit abgeglitten war, macht sie auf eine Weise traurig, die sie sich kaum erklären kann. Vielleicht war sie ja einfach nicht sein Typ. Sollte sie ihn direkt fragen, wie er zu ihr steht? Würde er ehrlich sein? Würde er wieder ausweichen? Wieder erwischt sie sich dabei, Vermutungen über ihn anzustellen, statt ganz nüchtern ihn danach zu beurteilen, wie er sich ihr gegenüber verhält.

Theoretisch bleibt er attraktiv: ein redlicher Charakter, nach herkömmlichem Verständnis lebenstüchtig, in den Augen ihrer Eltern sicher eine ordentliche Partie. Vielleicht reicht das ja für eine Lebensgemeinschaft. In ihr ist dieses ständige Hin-und-Her, diese ungefragten Ratschläge mit ihrem bedrohlichen Charakter: Den Prinzen findest du nicht, man muss Kompromisse machen, wenn du dich nicht rechtzeitig entscheidest, wirst du leer ausgehen und so weiter. Sie war ja bereit, Abstriche zu machen, aber bleibt dann noch genug Positives? Er hatte doch unter all den Kandidaten auf der Dating-Plattform so vielversprechend gewirkt!

Zuhause angekommen besuchen sie ein Restaurant und sprechen über die Reise. Für ihn ist es ein gelungener Urlaub: Der Erholungswert der vier Wochen und die landschaftlichen und kulturellen Highlights stehen im Vordergrund. Er ist zufrieden. Sie erinnert die Mängel und

Versäumnisse, die sie empfunden hat, erwähnt sie aber nicht. Zu abschließend und zu selbstsicher hat seine Analyse geklungen. Sie fürchtet eine kontroverse Diskussion, in der er ihr sein Verständnis schuldig bleiben würde. Eine Frage allerdings kann sie sich nicht verkneifen.

»Denkst du, ich werde genauso über die Reise urteilen wie du?«

»Du warst vielleicht zwischendurch mal schlecht gelaunt, aber im Großen und Ganzen hat es dir doch auch gefallen oder nicht?« Mit weit geöffneten Augen starrt er sie an. Sie bleibt die Antwort schuldig. So geht man an diesem Abend ohne Zwist und wie in getrennte Welten auseinander.

Flüchten oder standhalten? Würde sie diesem Mann standhalten können? Zeitweise hat sie ihn für einen durchschnittlich akzeptablen Partner gehalten – oder halten wollen. Manche seiner Eigenarten kann sie ihm nachsehen; beruflich und finanziell bietet er eine solide Basis, er sieht passabel aus und ist leidlich sportlich. Es ginge, wenn ich mich unterordne, denkt sie, und Kälte legt sich auf ihren Nacken.

Am folgenden Tag ruft sie ihn an. »Es stimmt nicht wirklich zwischen uns. Das Muster ist: Du entscheidest und ich soll folgen und wenn nicht, wirst du ärgerlich. Ich brauche einen Partner, keinen Chef. Mir bleibt nur, dich nach deinem Verhalten mir gegenüber zu beurteilen. Du magst ein solider Mensch sein, aber du hältst mich nicht auf Augenhöhe und ich spüre auch keine Wärme mir gegenüber.« Ihre Stimme ist leise, ruhig und klingt nach einem Schlusspunkt. »Mit anderen Worten: wir haben offensichtlich kein vergleichbares Wertesystem. Und ohne das wird es nicht funktionieren.«

Stille.

»Deine Entscheidung, schade!« Und schon hat er aufgelegt.

Sie ist erleichtert. Bleibt einer Partnerin nur die Unterwerfung oder Flucht? Kennt seine gefühlsarme Dominanz kein anderes Ziel? Sie ist froh, dass sie sich diese Fragen nicht mehr beantworten muss.

4. *Eine Reise*

Man sah sie immer gemeinsam: er, schmal wie ein Akrobat, hageres Gesicht, verhalten lächelnd; sie, zierlich, mit roten Locken, braunen Augen und dem Blick eines Füchsleins.

In der Flower-Power-Zeit der 60er-Jahre des letzten Jahrhunderts waren sie Twens und genossen unbeschwert, sorgenfrei, lustvoll ihre Jeunesse dorée. Aufgewachsen in einer rheinischen Großstadt, hatten sie sich früh beruflich passend etabliert; gutes Geld zu verdienen war attraktiv, und die freie Zeit überwiegend auf dem eigenen Segelboot zu verbringen ein Privileg. Er, Goldschmied, sie Wirtschaftsassistentin, kinderlos; auch die Aussicht auf ein hinreichendes Erbe erlaubte ihnen viele Jahre ein intensives, sorgloses Leben im Hier-und-Jetzt. Sie waren glücklich. Es hätte lange so weitergehen sollen.

Später dann, beide waren über 50 – er als Goldschmied in der Upper Class nicht mehr so gefragt, sie vertrieb Siphons zur Trinkwasseraufbereitung – wandten sie sich mehr der Innerlichkeit zu. Meditation, die Hinwendung zur japanischen Zen-Philosophie und Lebensweise und ein im Übrigen kulturell enthaltsameres Leben traten in den Vordergrund. Sie genossen die Überschaubarkeit ihrer Kontakte und zählten auf tiefgehende Freundschaften. Der Bekanntenkreis schränkte sich ein; als Partygänger und Gastgeber spielten sie kaum mehr eine Rolle. Ihre Finanzen schrumpften zunehmend; das erwartete väterliche Erbe stellte sich nicht ein. Das Segelboot war inzwischen verkauft. Sie fühlten sich von Lasten befreit und schätzten den Einklang mit sich selbst.

Die Perspektive, sich der bisherigen Welt ganz zu entziehen und in eine buddhistische Lebensgemeinschaft einzutreten, gewann konkrete Konturen, scheiterte jedoch an dem Unvermögen, sich mit einem nennenswerten Betrag dort einzukaufen. Andererseits waren sie froh, sich nicht den Regeln einer Gemeinschaft unterordnen zu müssen.

Mit dem Älterwerden wurden die Einschränkungen drastischer. Nach und nach hatten sie manches aufgeben müssen: das Auto, dann die gewohnt teure Kleidung, später einen großen Teil wertvoller Bücher, die seltenen japanischen Möbel und auch aufwändige Mahlzeiten. Auch den einen oder anderen Freund gaben sie auf, nicht ihre Freundlichkeit. Sich um nur noch weniges kümmern zu müssen, hat sie spürbar entlastet. Sie gaben Streitereien auf, die dauerhaften mit seinem Bruder, die gelegentlichen mit ihrem Vermieter, die unnötigen mit dem Arzt. Stille legte sich über ihr Leben, breitete sich auch in ihnen aus, und in dieser Geborgenheit waren sie dankbar für all das, was gewesen war.

Dann, jenseits der 80, gaben sie ebenso Klagen über die politischen Verhältnisse, über den Niedergang der Handwerkskünste und über die Ungerechtigkeit ökonomischer

Verhältnisse auf. Auch das Sitzen im Zen gaben sie auf – und damit die letzten Anhaftungen.

Schließlich verließen sie ihre Heimat. Seit kurzem leben sie auf den Azoren und genießen ihre neue Freiheit.

5. Der Kuss im Spinnennetz

Lange schon kennen sie sich über den Tennisverein, doch näher sind sie sich erst vor einem halben Jahr gekommen. Noch ist nicht klar, ob sie zusammenbleiben wollen, noch vermeiden sie, über eine gemeinsame Wohnung zu sprechen, überhaupt ist ›Zukunft‹ noch kein Thema. Beide haben sie eine Ehe überstanden, ihre Freiheiten gesucht, potenzielle Partner mehr oder weniger verschmerzt und im Rahmen einer gewissen Skepsis dem ganzen Beziehungsgetümmel gegenüber zueinander gefunden. Er ist einer der besten Tennisspieler des Clubs, drahtig, in seiner Gestik lebendig. Sie hat ihn zunächst deutlich jünger geschätzt als er tatsächlich ist.

In dieser Nacht bleibt sie bei ihm, es hat sich so ergeben. Er hat sich gerade wohlig-streckend in seinem knarzigen Bett auf die Seite gedreht, um sie anzusehen, als sie neben ihm liegend sagt:

»Neulich hörte ich in der Sauna, wie ein Mann verlauten ließ: Ich möchte von einer Frau mal richtig – aktiv und initiativ – verführt werden. Frauen sind so furchtbar passiv! Denkst du auch so?«

»Weibliche Neugier fände ich zumindest sehr belebend.«

Seine Antwort ist knapp. Selten ist er um eine Antwort verlegen, seine Sprache ist meist eindeutig, auf den Punkt, ohne Umschweife.

»Frauen sollten durchaus sexuell initiativ sein«, ergänzt er noch, indem er sie leicht herausfordernd betrachtet.

Was meint er? Wünscht er mehr Initiative ihrerseits? Oder kommentiert er seine bisherige Erfahrung und bleibt dabei im Allgemeinen? Informationen und Überzeugungen teilt er in seinen kurzen Sätzen mit. Allgemeinplätze, Ausschweifungen, Parolen sind nicht seins. Mit dem, was und wie er es sagt, salopp bisweilen, bleibt er stets erkennbar. Sie hört ihm gern zu. Nicht immer versteht sie ihn.

Auch jetzt wartet sie auf seine Initiative, sie fühlt sich unsicher, etwas gehemmt. Experimentieren ist nicht ihr Ding. Deutet seine Aussage möglicherweise erste Unzufriedenheit an? Darüber hatte sie noch nicht nachgedacht. In diesem letzten halben Jahr war sie libidinös wie lange nicht mehr, dabei hat sie die Menopause ja bereits hinter sich. Es heißt oft, mit dem Alter gibt sich das mit der Begierde. Gut, alt fühlt sie sich nicht – noch nicht. Aber immerhin. Wie soll sie ihn berühren, was gefällt ihm, was nicht? Sie macht nie gern den ersten Schritt, wartet lieber ab, überlässt anderen die ersten Spielzüge, auch in der Liebe. Bisher hat es gereicht, sich ihm hinzugeben. Ob er wirklich nicht mehr zufrieden ist? Sanft streift sie mit ihren Lippen sein Ohr. Dann versucht sie es mit der Initiative, ungewohnt.

»Erzähl mir von dir. Ich möchte genauer wissen, was du begehrst, wie du begehrst. Erzähl mir vom Wesen deines Körpers.«

Ihre Hinwendung in diesem Moment ist verhalten, sie sucht das Gespräch, ihm zugewandt streift ihre Hand zeitgleich über seine Lenden, zur Taille, über die Brust zur Schulter, in die Armbeuge und sinkt wieder zurück. Eine Antwort erhält sie nicht.

Begehrt sie ihn? Er ist gut gebaut. Auf ihren Wunsch geht er nicht ein, und ehe sie sich's versieht, dreht er sie und legt sich bäuchlings auf ihren Rücken und setzt sein Spiel fort. Er ist schnell – besonders in der Liebe. Kleine Zauberlaute perlen in ihre Ohren. Sie fluten den weiblichen Körper, dehnen ihn aus, seine basstönende sonore Stimme weitet ihre Sinne.

Es ist nicht der Augenblick für ein Gespräch. Worte sind fehl am Platze. Vitale Körperlichkeit trägt ihn seinem Höhepunkt entgegen. Er hat mich gar nicht gehört, denkt sie noch. Wie sehr er mit meinem Körper ist – ohne mich wahrzunehmen! Oft schon hat sie das gedacht. Rätselhaft, wie sehr ihr dieser Mann gleichzeitig so nah und doch so fremd sein kann. Je intensiver er ihren Körper liebkost, desto weiter wird der Raum zwischen ihnen, bis sie nur noch sich selbst spürt.

Als seine Lippen ihren Nacken streicheln, gleitet ihr Bewusstsein ungehemmt in andere Sphären, in schwebende Welten ihrer Phantasie. Sie nimmt seine Berührungen wahr, seine Wärme, sein weiches Haar, die Kraft seiner

Hände – all das umgarnt sie, und hingebungsvoll genießt sie das Nichtstun und die Lust ihres Körpers. Sie verharrt wie ein Insekt im Spinnennetz. Gefangen in ihrer Lust, ohne Fragen, kein Empfinden für die Zeit, das Denken ausgeblendet.

Als sich ihre Erregung nach und nach löst und der Mann, der für Momente ausgeblendet war, sich erschöpft atmend zurücklehnt, verlässt auch sie ihre Traumbilder. Vergessen ihre Unsicherheit, ihre Zweifel, ihre Neugier. Wie gut das tut, dass es klappt, ohne absichtsvoll handeln zu müssen, denkt sie noch. Offen sein für das, was ist, erwartungsfrei! Er sorgt für sich, und ich sorge für mich. Und das im Einklang miteinander. Welch ein Glück!

6. Nur ein Unwetter

6. Nur ein Unwetter

Da braut sich etwas zusammen, denkt Karla, als ihr Blick an diesem Spätnachmittag auf die dunklen Wolken trifft. Das Haar ist hochgebunden, einzelne Strähnen fallen in Stirn und Nacken. Sie trägt die robuste Arbeitskleidung, die sie draußen bei Wind und Wetter schützt. Bald wird es dämmrig werden, und noch ist sie mit den Rabatten nicht fertig. Von Ferne nähert sich ein anwachsendes Donnergrollen, und hoffentlich kann sie ihre Arbeit beenden, bevor es richtig losgeht.

Sie kniet am Boden, steckt die Setzlinge in Reih' und Glied, genießt den samtig-herben Duft der Erde. Wie sie ihre Arbeit liebt! Was für ein Glücksfall, dass sie doch noch vor kurzem – nach längerer Recherche in diversen Portalen – dieses überschaubare Gartengelände gefunden hatte und erwerben konnte. Ein ältliches Anwesen mit einem bescheidenen Wohnhaus. Manches ist baufällig oder zumindest heruntergekommen; vieles muss repariert, renoviert oder gar erneuert werden. Aber sie stellt sich gern den Herausforderungen – und dieser ganz besonders, denn endlich hat sie ein eigenes Reich!

Der Wind wird heftiger, Donner schwillt über den nahen Hügeln an und treibt schwere schwarz-graue Wolkentürme vor sich her. Der Wetterbericht hatte Entsprechendes in Aussicht gestellt und nun liegt etwas Unvermeidliches in der Luft, zunehmend gewaltiger und mächtiger werdend. Sie spürt das anschwellende Donnergrollen schon in den Gliedern, leichte Erregung breitet sich wellenförmig in ihr aus, ihr Körper reagiert mit zunehmender Spannung.

Ferne Blitze werfen bereits gleißendes Licht gegen die schattigen Hügel. Sand und Staub wirbeln durch die Luft, erste Tropfen erreichen Stirn und Wangen, das Gewitter treibt den Sturm vor sich her, es bricht los. Schon als Kind hat sie Ähnliches erlebt und sich gefürchtet, aber in der Obhut ihres Großvaters dann Sicherheit und Wärme erfahren. Stets verflog ihre Ängstlichkeit in den Armen des alten Mannes.

Der Himmel hat sich inzwischen verfinstert, der Sturm wird beständig gewaltiger und reißt mit, was er nur eben packen kann. Der Regen wird schwerer und stürzt fast senkrecht vom Himmel. Die pure Naturgewalt! In der Erinnerung an den Großvater spürt sie die Gewissheit, stark und geborgen zu sein.

Karla kämpft sich quer über den Hof dem Geräteschuppen zu.

Die elektrisierende Schwärze, die sie umgibt, löscht alles aus, nichts bleibt, wie es ist, nimmt allem jegliche Form. Tabula rasa, denkt sie noch, wie mein aktuelles Leben. Das alte Leben lässt sie hinter sich: Die Auflösung ging nach und nach vonstatten; Trennung vom Ehemann, die Kinder in ihren eigenen jungen Familien, der Tod ihrer Eltern und Verkauf des Hauses.

Sie löst sich aus dem Windschatten des Geräteschuppens, stemmt sich gegen den Sturm über den Hof auf das niedrige Wohnhaus zu. Der Regen peitscht ihr schmerzhafte Partikel ins Gesicht.

Ihr Blick gleitet über den Hof und erfasst die Katastrophe ringsum: aufgeschwemmtes Erdreich reißt junges Wurzelwerk mit sich fort, Gerätschaft liegt überall herum, Töpfe und Paletten hat der Sturm hemmungslos zerstreut, gebrochenes Ast- und Buschwerk torkelt mal hierhin, mal dorthin. Vieles geht gründlich zu Bruch, das meiste war sowieso morsch und unbrauchbar geworden, sie kämpft sich weiter in Richtung des Wohnhauses, nicht nachlassender Regen rinnt über Stirn und Wangen.

In den Rabatten steht das Wasser fußhoch, die alten Holzzäune am Südrand des Hofes sind unterspült und teilweise umgerissen, das Dach des flachen Haupthauses hat gelitten, lose Dachziegel, wohin sie schaut. Alles scheint in Bewegung gewesen zu sein. Fast nichts ist mehr an seinem Platz. Wie ihr altes Leben! Zersprengt, zerborsten, ausgelöscht. Die alte Ordnung ruiniert, die neue noch nicht gefunden. Fast unmerklich mischt sich ein leises Aufatmen in ihren Schrecken.

Sie schaut über den Hof. Das Chaos und die Schäden sind gewaltig, doch vieles hätte sie sowieso nicht mehr nutzen wollen. Also aufräumen, Ordnung machen, neue Maßstäbe setzen. Das ist ihr Ding. Zerstörung hat auch etwas sehr Befreiendes, birgt so viel Neues, setzt vieles auf Anfang – ist eben auch erlösend.

Gedanken der Erleichterung schießen ihr durch den Kopf. »Hier kann ich mich aber richtig austoben!« Die leichte Ironie lässt sie schmunzeln, und manche Liebesbeziehung kommt ihr in den Sinn, die nach einer vernichtenden Turbulenz ihr Ende gefunden hat. Welche Parallele! Oft hat sie den Sturm der vernichtenden Auseinandersetzungen selbst provoziert und darauf gesetzt, dass mit dem Sterben einer Liebe die Erleichterung Raum griff, die Gebundenheit wieder in Freiheit mündete; die heilsame Erlösung nach dem Liebesaus, die neue Freiheit! Sie war es, die – nach einem aufwühlenden Finale – den Schlusspunkt setzte. Da hatte sie die Männer innerlich schon längst verlassen. Sie versetzte ihnen einen kleinen Stoß, nicht heftig, nur so, dass es gerade reichte, damit die Männer ohne zu klagen aus ihrem Herzen fielen. Natürlich nicht alle. Fast alle.

Hier in der schützenden Sicherheit des Wohnhauses, die Schuhe schwer von nassem Lehm, Körper und Kleidung kalt und triefend nass, ist sie angekommen. Noch immer heult der Sturm um die Dächer, lärmt und zerrt an allem und ebbt doch bereits unmerklich ab.

Sie ist im Trockenen, sie kann das Unwetter noch hören und sehen, bald wird es vorübergezogen sein. Abwarten, bis es verklungen ist. Aufräumen. Alles richten. Im Täglichen weitermachen wie begonnen. Das neue Leben Schritt für Schritt gedeihen lassen. Sie spürt die Weite in ihrem Innern, sie fühlt sich leicht, fast schwerelos, sie atmet auf. Draußen wird es zunehmend stiller, der Donner ebbt ab, ist kaum mehr zu hören. Das reinigende

Gewitter hat die letzten Reste seelischen Schuttes weggeschwemmt, letzte Kümmernisse weggespült, den Weg ganz frei gemacht für ihr neues Leben. Hinter ihr fällt die Haustür ins Schloss. Großvaters Vermächtnis kommt ihr in den Sinn: Stark im Unglück, klug im Glück. Immer vorwärts, nie zurück.

Sie tastet sich in die Dunkelheit hinein und überlässt sich der behausten Wärme.

7. Teenage Dream Reloaded

Gegen 17 Uhr, alle angemeldeten Mitreisenden haben ihre Plätze eingenommen, das Gepäck ist verstaut, setzt sich der große Luxusbus langsam in Bewegung und verlässt den Sammelplatz. Es ist später Freitagnachmittag, und entsprechend schleicht der Bus durch die staugeplagten Straßen, bis er schließlich die Autobahn Richtung Süden erreicht. In wenigen Stunden wird es dunkel sein, denkt sie und kann es kaum erwarten, dass die Nacht vergeht. Sie ist zu neugierig, zu wach und zu gespannt darauf, wie sie den kleinen italienischen Küstenort vorfinden wird. Unruhig nestelt sie in ihrer Handtasche, um zu prüfen, ob sie das Foto auch wirklich eingesteckt hat. Sie hat.

Schlaflos gleitet sie in den anbrechenden Morgen. Noch eine Stunde, dann wird der Bus sein Ziel erreicht haben: Das kleine italienische Seebad, *der* Ort ihrer Jugend, der unvergessen blieb – ebenso wie Maurizio. Er hatte ihr sein Foto erst Wochen später geschickt, als sie längst wieder zuhause war! All die Jahre hatte sie es gehütet wie eine Reliquie aus einer anderen Welt. Bei dem Gedanken, in wenigen Minuten wieder in diese andere Welt zurückzukehren, schwillt ihr Herzschlag an, die Sehnsucht und die Hoffnung, auch ihn vielleicht wiederzutreffen, werden zur traumhaften Gewissheit. Damals war sie hingerissen – nicht nur von ihm, auch vom mediterranen Flair, den Menschen und deren Sprache, von ihren Schlagern, dem flirrenden Licht und den verführerischen Düften des Sommers.

Als der Bus die hügelige Küstenstraße erreicht, trifft ihr Blick das schilfgrüne Meer, lichtblaue Stellen und türkisene Flecken im leicht gekräuselten Wasser. Ja, so kennt sie es, das sind die gleichen leuchtenden Farbspiele wie zu ihrer Jugendzeit. Entzückt genießt sie den Anblick und fiebert der baldigen Ankunft entgegen.

Ohne anzuecken schaukelt der Bus langsam durch ein paar enge Gassen und hält nach wenigen Minuten vor einem unauffälligen, schmucklosen Bau aus den 80er-Jahren. Hotel Minerva. Koffer werden sortiert, Zimmerschlüssel ausgegeben, die Uhrzeit für das Abendessen verkündet. Sie bringt nur schnell den Koffer in das ihr zugewiesene Zimmer und macht sich gleich auf den Weg, den Ort neu zu erkunden, das Foto sicherheitshalber in ihrer Jackentasche.

Genau vor einem halben Jahrhundert war sie zuletzt hier. Faszinierend damals das internationale Publikum, vielsprachig dessen Geräuschkulisse, der Sound aus den Jukeboxen, die langen warmen Nächte. Alles war aufregend, leicht, lustvoll, fröhlich – in allem war Überfluss.

Während sie den Ortskern erreicht, sucht sie nach vertrauten Bildern von damals, durchstreift eine großangelegte, modernisierte Fußgängerzone, nähert sich dem palmengesäumten Boulevard, passiert dabei mehrere tunnelartige Zugänge zu abgegrenzten Badestränden, wie es sie vor Jahrzehnten noch nicht gab: Bagno da Sole, Bagno Carla, Bagno Mio Mare und ähnliche. Die Luft ist mild, eine leicht salzige Brise vom Meer her legt sich auf ihre Zunge, auch die Düfte von Oleander und Jasmin mischen sich ein. Hier wurde neu gebaut, erweitert, begradigt, verkleidet, gepflastert. Ob es die Pension überhaupt noch gibt? Wie selbstverständlich war sie die ganze Zeit davon ausgegangen, dass er das Erbe des Vaters antreten würde, angetreten hätte, wie dieser seinem Vater nachgefolgt war. Würde sie ihn überhaupt wiedererkennen? Gott sei Dank hat sie ja das Foto dabei!

Der Ortskern wirkt klein und vernachlässigt. Auf dem Marktplatz finden sich ein paar noch verschlossene Holzbaracken, und große Plakate weisen auf ein am nächsten Tag beginnendes Schokoladenfestival hin. Ihr Blick auf das Hinterland registriert, dass der Ort nicht nur in Ost-West-Richtung gewachsen ist, sondern auch die Hügel im rückwärtigen Land vereinnahmt hat und weiter wuchert. Indizien für aktuelles Baugeschehen sind unübersehbar: Kräne, die wie Giraffen in den Himmel ragen, Rohbauten, Steinhalden und Sandaufschüttungen und nicht wenige Bauzäune, die sich wie ein Schattenmosaik in der Ferne verlieren. Vergebens sucht sie Bilder der Erinnerung zu finden, vergebens, die Faszination wieder zu entdecken, der sie damals erlegen war, vergebens wartet sie auf die freudige Erregung beim Anblick der exotischen Natur. Umso unruhiger sucht sie die kleine Pension zu entdecken, seine Überraschung zu erleben, wenn sie plötzlich vor ihm stünde, zunächst sprachlos, dann fröhlich und vertraut!

Als sie endlich das vom Sonnenlicht verblasste Haus in der schmalen Straße entdeckt, den fahlen Schriftzug unter den Fenstern der ersten Etage *Pensione Roberto* und den nur spärlich begrünten Vorhof mit den zusammengeschobenen Gartenmöbeln, bleibt sie kurz stehen, geht dann aber, wenn auch zögerlich, auf die geschlossene Eingangstür zu und klopft. Vergebens. Niemand öffnet, niemand meldet sich – auch nicht nach wiederholtem Klopfen. Das Anwesen wirkt unbelebt.

Befremdet macht sie sich auf den Rückweg zum Hotel, hält gelegentlich inne; beobachtet Spaziergänger, kauft für diese ersten Herbsttage eine leichte Sonnencreme, geht ein paar hundert Meter barfuß über den Sandstrand und kehrt für einen Aperol in eine Strandbar ein. Ist es Enttäuschung? Ist es Wehmut? Sie hätte doch damit rechnen können! Damit rechnen müssen! Vielleicht hat die Pension bereits das Ende der Saison vorgezogen, und die Betreiber genießen längst selbst Ferien. Sie wird sich erkundigen; die Hoffnung bleibt ihr ja noch.

Als sie am nächsten Vormittag den Strand aufsucht, schieben sich blass-graue Wolken vor die Sonne. Aus der nahen Strandbar strömt der Duft von Kaffee und frischem Toast. Ein Radio plärrt. Sie selbst begrüßt die ersten Sonnenstrahlen, die ihren Weg durch die Wolken finden. Sehen, hören, erinnern. Hier hat die Zeit einen linearen Verlauf. Im Hotel hatte ihr abends zuvor niemand etwas zur *Pensione Roberto* sagen können, außer dass sie geschlossen sei. Mit dieser Nachricht schien ihr auf einmal die ganze Reise unnütz zu sein. Sie würde so gern noch einmal in der Begeisterung von damals schwelgen, aber ohne Maurizio wiederzusehen, ist das unmöglich. Die örtliche Umgebung in der heutigen Form trägt jedenfalls nicht dazu bei, denkt sie noch und verliert sich in einer vernebelnden Melancholie. Noch drei bis vier Tage Strandleben, dann wird sie diesen Küstenort wieder verlassen, wissend, dass die Zeit ihr nichts zurückgibt, ein vergangenes Leben sich nicht wiederholt.

Am Abschiedsabend genießt sie das üppige Essen mit drei weiteren Damen am Tisch. Sie haben sich bereits während der Woche gut verstanden, ausgiebig ausgetauscht, gelacht über persönliche Anekdoten und verschmerzte Schicksale der Vergangenheit. Der heutige letzte Abend ist wie geschaffen, gemeinsam verbracht zu werden.

Bereits vom Hotel angekündigt wurde ein Diskjockey, der in der Hotelbar zur Unterhaltung engagiert sei. Im Repertoire sind Schlager aller Kulturen, italienische Volkslieder, auch Opernarien. Hin und wieder werden Musikwünsche an den DJ herangetragen, die er gern erfüllt. Im Laufe des Abends geht die Wunschliste mehr und mehr in Richtung Pop. Mit fortschreitender Zeit hält es die vier Damen nicht mehr auf den Stühlen, sie machen den Anfang auf der noch leeren Tanzfläche. Die Musik geht ins Blut, mobilisiert Herz und Bein, und die freie Fläche wird nach Lust und Laune von ihnen beansprucht. Mit Blicken und Lachen feuern sie sich gegenseitig an. Die Lebendigkeit auf der Tanzfläche springt auf weitere Gäste über, und es gesellen sich mehr und mehr dazu. Der DJ ist in seinem Element und dreht auf. Das Tanzen wird hemmungsloser, wilder, der Boden bebt, es will kein Ende nehmen. Die Stimmung reißt alle mit, selbst die, die noch auf ihren Stühlen sitzen und mit den Füßen stampfen; die Lust steuert dem Höhepunkt entgegen, Augen strahlen, Gesichter sind rot vor Anstrengung und Freude, man schwitzt und ringt nach Luft, Lachen durchzieht den Raum.

Sie ist total in ihrem Element – die Musik, die Bewegung haben alle Schleusen geöffnet. Verschwitzt, außer Atem, energiegeladen und höchst lustvoll gibt sie sich dem Vergnügen hin. Sie könnte Bäume ausreißen und wünscht sich, der Abend möge nie enden. Sie spürt die irrsinnige Lust der Jugendtage! Es ist wie damals! Vergessen die Enttäuschung über die verschlossene Tür, die verlassene Pension, den trüben Ort, verschwunden die leichte Melancholie, vorbei die Suche nach dem Gestern! Lebenslust pur – das ist es! Das ist das Lebensgefühl aus Teenagertagen. Lange hat sie es entbehrt. Jetzt ist es wieder da, es strömt in alle Richtungen! Teenage dream reloaded! Alle Wehmut ist verflogen! Die unbändige Lust an der Bewegung, die zündende Musik, die Leidenschaft der Mittänzer – ihr fährt es durch alle Glieder, es hat sie gepackt, sie spürt es von den Haarspitzen bis in die Zehen.

Erst nach Mitternacht sinkt sie selig in den erschöpften Tiefschlaf dieser Nacht.

Die Rückfahrt am nächsten Morgen ist unspektakulär, die Teilnehmer durch die Bank bereichert und zufrieden, scherzend und freundlich.

Sie ist so froh über diese Reise! Wenn auch die Orte bedeutungslos geworden sind in ihrer Wandlung, der ursprüngliche regionale Charme verflogen und das Exklusive der frühen Jahre verloren ging; auch wenn die Luft verschmutzter, der Verkehr dichter und der Lärm lauter geworden ist und auch Maurizio nicht zu finden war – diese Enttäuschungen lässt sie gern zurück!

Lebenslust pur, die nur darauf lauerte aufzubrechen, die hat sie wiedergewonnen, die nimmt sie mit.

8. Im reinen Land

Die Lounge der Lufthansa ist zum Bersten voll; einige Frauen und sicher an die hundert Männer. Eine unbestimmte Menge, die gleichförmig, verhalten, bewegungsarm dasitzt. Indem sie sich umsieht, geht ihr Blick ins Leere, nach den Mühen des Tages bleibt sie ohne Interesse; eine Frau ohne Aura. Gedämpfte Männerlaute dominieren in einer leichten Geruchswolke aus Schweiß und fernem Zigarettenqualm. Seit sie sich hier aufhält, fühlt sie sich elend.

Sie geht auf die 40 zu. Ist sie noch jung – jung genug für eine eigene Familie? Wenn sie erschöpft ist wie heute, kommen nicht mal mehr die Panikattacken. Wenn sie so vollends ausgelaugt ist von einem anstrengenden Tag, wie seit Wochen und Monaten, fehlt ihr die Energie, um zuversichtlich zu sein.

Sie greift nach dem schon mehrfach gelesenen, aktuellen *Handelsblatt*, zieht die Seiten auseinander, bis sie den Wirtschaftsteil in Händen hält, der ihr noch am ehesten einige lohnende Nachrichten verspricht. Von ihrem Eintreffen bis jetzt ist die Wanduhr nur wenige Minuten vorgerückt.

17:43

Ihre Gedanken lösen sich von der Zeitungslektüre, suchen einen anderen Fokus, ohne ihn zu finden, stattdessen schiebt sich ein vages Empfinden schmerzhaft in den Vordergrund, und der Funken einer Sehnsucht keimt wieder auf.

Das Herz möge den Gedanken zunichtemachen, der mir sagt, dass Männer nur noch Erschöpfung, Trägheit, Gleichgültigkeit zu bieten haben.

Ist es Empathie oder Projektion oder beides?

Ihre Frage bedarf keiner Antwort. Lähmende Müdigkeit legt sich über ihr Denken, ein Schimmer von Sehnsucht läuft wieder Gefahr zu verebben, und schon steigt Todesahnung in ihr auf, das Samenkorn der Verzweiflung. Wann ist Schluss mit dem Hoffen und Warten, mit der Phantasie, eines Tages einer sinnlichen, männlichen Natur zu begegnen? Wird es jemals Realität?

Die Sehnsucht nimmt mir den Atem, leert mein Hirn, lässt mich ohne jede Hoffnung. Namu Amida butsu. Nicht an gestern denken, nicht an morgen denken, nicht denken. Im reinen Land verweilen.

Ihr Blick wandert durch die Lounge, die Sitzreihen entlang, streift den silbrig glänzenden Getränkeautomaten, fliegt über den zerwühlten Zeitschriftenständer, verweilt kurzfristig an der leuchtenden Tafel der An- und Abflüge, bis er wieder zu den anderen, müde und geduldig ausharrenden Fluggästen zurückkehrt. Die Körper sitzen, liegen, hängen wie zur Aufbewahrung, abgegeben in den schmucklosen Sesseln der Wartezone. Graue, dunkelblaue, schwarzbraune Anzüge, in die sich weiße

Hemden geschoben haben, tragen belanglose Köpfe. Noch auffälliger die Gesichter in der Raucherzone, im Glaskubus: blass, weiß, aschfahl, leer; nicht minder auffällig die mit der verräterischen Rötung: fleckig, bunt, gedunsen, feist und öde – ein Arsenal erschöpft atmender Gleichgültigkeit.

Wie sehr hatte sie sich damals gewünscht, dazu zu gehören: internationale Konferenzen, wichtige Gremien, einflussreiche Projekte, Interkontinentalflüge, gepflegte Hotels und intelligente Kollegen; im globalen Business auf oberer Ebene mitspielen. Was ist es wert? Diese Welt ist entzaubert. Im Ergebnis sind Erschöpfung, Vergeblichkeit, Sinnferne das Resultat.

Gelegentlich trifft ein Blick. Zufällig. Ohne Absicht. Beliebig. Ihre Lust bleibt ungefähr, unpersönlich, abstrakt. Überall Männer. Nicht einer interessiert sie.

Sie legt die Lektüre ungelesen aus der Hand, die Nachrichten, die keine sind, ignorierend. Die Hoffnung auf eine Ablenkung war trügerisch. Die Desillusion hat weiten Raum zur Entfaltung. In dieser Umgebung unvermeidlich.

Der Abflug verzögert sich, wie so häufig, ohne dass es eine halbwegs annehmbare Erklärung der Fluglinie gäbe. Das ist es: Wichtigtuerische Ungenauigkeiten, latente Unredlichkeit, diffuse Vereinbarungen, vage Absprachen, unverbindliche Zielsetzungen: die professionelle Welt und ihre kommunikative Inkompetenz. Gelegentliche Ausnahmen scheinen wie Inseln des Glücks.

17:49

Noch ist die Lounge nicht spurenfrei; das Service-Personal sammelt ein: aufgerissene Erdnusstütchen, zerknüllte Miniservietten, leer und halbleer getrunkene Gläser, unvollständige Zeitschriften, vergessene Magazine, Reste jeder Art.

Reste jeder Art? Der Müll ist vielgestaltig; in Weltmeeren, auf Halden, in Verbrennungsöfen: eine wuchernde Welt leerer Bierdosen und Wasserflaschen, verbeulter Konservenbüchsen, klebriger Plastikbehälter, zerbrochener Kleinmöbel, vergessenen Papiers und gerissener Stofffetzen. Die Welt erstickt im Abfall. Die Welt ist Unrat.

Sie löst sich vom deprimierenden Trugbild, und mit geschlossenen Augen wartet sie weiterhin auf den Rückflug. Bald wird sie es hinter sich haben und wieder eintauchen in ihre gepflegte Privatheit. Sie wird allein sein, wissend, dass sie nicht einsam ist, nicht wissend, mit wem sie ihr Alleisein teilt, aber wissend, dass sie es teilt. Sie ist nicht die Einzige, die auf der Stelle tritt.

18:03

Die Schlange der Wartenden hat sich zum Check-In formiert. Die Service-Dame nickt lächelnd.

Warten. Immer wieder warten.

Warten auf den Abflug, das Ereignis, die Begegnung.

Warten auf das Unerwartete und Unerwartbare.

Warten auf das Kommende, das Gehende, das Fliehende.

00:01

Namu Amida Butsu

Brich ein. Brich aus. Brich um.
In Wahrhaftigkeit. In Liebe. In Sinnlichkeit.
Umarme.
Warte nicht.

9. Flüchten

»Du machst dich kleiner als du bist! Hör auf, dich zu bemitleiden, unternimm endlich was! Such dir einen neuen Job oder melde dich für das Abendstudium an oder lass dich wenigstens beraten! Aber tu endlich was! Du lässt dich seit Monaten hängen!«

Wie so häufig in letzter Zeit schleudert sie ihm auch heute wieder ihre Vorwürfe entgegen. Gerade sind sie verklungen, da schnappt sie ihren Mantel und schon ist sie aus dem Haus, um in jedem Fall noch den Bus um 8:10 zu erwischen. Alles hinter sich lassen – das wäre ihr am liebsten. Axel wird heute zu seinem Treffen ehemaliger Abiturienten fahren, und sie hat dann wenigstens drei Tage für sich.

Erneut findet nicht statt, was sie inzwischen für unausweichlich hält: ein ernsthaftes Gespräch, aber das gibt es schon länger nicht mehr, nicht einmal einen echten Versuch. Beide flüchten sie in den Arbeitsalltag, jeder für sich, ohne irgendetwas miteinander geklärt zu haben. Meistens bleiben seine Worte aus. Seine Schweigsamkeit – aus welchen Gründen auch immer – belegt einmal mehr, dass es gewaltig schief läuft zwischen ihnen.

Ihr Kopf ist klar – das Herz trauert. Zu viel hat sie von Axel erwartet, so richtig klar ist es ihr erst in letzter Zeit geworden. Ihr fehlt ein echter Partner. Axel ist es nicht. Kann es nicht, will es nicht, weiß es nicht. So einfach ist das. Vor kurzem noch hat es sie unendlich traurig gemacht. Sie glaubt, ihn mal geliebt zu haben, kann sich aber kaum daran erinnern, zu frustrierend waren die letzten Monate, seine Passivität, sein Unvermögen, seine Antriebslosigkeit. Heute ist sie schon erleichtert, wenn sie nur an ein Leben ohne ihn *denkt*. Ihr Bild von ihm hat sich durch das Zusammenleben so sehr gewandelt, wie sie es nie für möglich gehalten hätte. Wie blind muss sie am Anfang gewesen sein? Sechs Monate Fernbeziehung und dann gleich zusammenziehen? Ja, er sieht gut aus, dunkles, lockiges Haar, hat nette Eltern, ist Alleinerbe aus einem ansehnlichen Geschäftshaushalt, abgeschlossenes Studium. Eigentlich ein guter Fang! Seine auf das Studium folgende Arbeitslosigkeit ist in den aktuellen Zeiten nicht ungewöhnlich für Absolventen, und seine freundliche Gelassenheit allen Dingen des Lebens gegenüber hielt sie für Souveränität. Dass er fünf Jahre jünger ist, fand sie zu Beginn besonders reizvoll. Nun fragt sie sich, warum sie so unkritisch war.

Vor wenigen Tagen hatte sie Chris, einen alten Bekannten, angerufen, ihm ihr Beziehungsleid knapp angedeutet und seine Anteilnahme erfahren. Sie hat die Situation genutzt und hatte an ihre damalige – wenn auch kurze – Affäre mit deutlichen Gefühlen erinnert. Heute Abend werden sie sich sehen.

Sie werden sich im *Tausendsassa* treffen, wo seit Generationen gern geflirtet wird. Sie werden einen Wein zusammen trinken, in loser Reihenfolge über Literatur, die schlechte Luft, politische Querelen und Urlaube reden. Und darüber, wie schnell die Zeit vergeht. Sie malt sich die Begegnung im Detail aus. Sie will nicht sprechen über seine Frau, nicht über ihre Geldnöte und schon gar nicht über ihren bereits gefassten Entschluss, Axel zu verlassen. Sie wird Chris ansehen, weniger das Wort ergreifen, lächeln, zustimmend lächeln, wenn es sich ergibt.

Im *Tausendsassa* ist dicke Luft. Heute ist kein Durchkommen. In Trauben hängen sie vorm Tresen, und die wenigen Stehtische sind auch besetzt. Die stickige Atmosphäre gibt ihr den Rest. Am liebsten würde sie mit Chris gleich in sein Apartment gehen – oder in ihre Wohnung; sie kennt ihn als einfühlsamen Lover. Sie fühlt sich ausgehungert, begierig. Ihre Sehnsucht nach einem Mann, nach Zärtlichkeit, nach den starken Armen war selten so heftig.

Chris betritt das *Tausendsassa* und entdeckt sie sofort. Seine Begrüßungsformeln sind die alten. Wie schön, dich zu sehen ... lange her ... überrascht ... super aussiehst ... schlecht Parkplatz gefunden ... dein Anruf ... Er hatte lange nichts von ihr gehört und sich zunächst über die rasche Verabredung gewundert. Sie hatte am Telefon von Beziehungsstress gesprochen, und wahrscheinlich braucht sie mal etwas Abwechslung, denkt er, man wird sehen.

»Du siehst gut aus« schwärmt er, »so sexy hast du dich früher nicht gekleidet. Man sieht dir deinen Kummer wirklich nicht an!«

»Ach, lassen wir das,« wehrt sie ab »kein Thema für heute Abend!« Den Kopf dezent in den Nacken gelegt, ermuntert sie ihn von sich zu erzählen. Während dessen gleitet ihre Hand in alter Vertraulichkeit über seinen Rücken. Ihn hat sie auserkoren, ihn braucht sie heute Nacht. Eine Nacht mit Chris, in aller Intensität, ohne Eile, nach einem erfüllenden Liebesspiel in tiefen Schlaf sinken, nach dem späten Aufwachen ein kleines Frühstück teilen – vielleicht nur einen Kaffee und eine herzliche Umarmung zum Abschied. Das sollte es sein. Er ahnt es vielleicht, vielleicht auch nicht. Sie lächelt, spricht wenig.

Bald drängt er im *Tausendsassa* zum Aufbruch, sie hat ihn schnell auf die richtige Spur gekriegt. Er findet sie nach wie vor attraktiv, fühlt sich zu ihr hingezogen und weiß, dass sie nicht schwierig ist. Alles spricht dafür, auf ihr indirektes Angebot einzugehen. Er küsst sie.

Katrin mag seine Küsse. Die sanfte Bewegung, die Entschiedenheit. Er ist initiativ, er ist der normale Mann, denkt sie. Das ist ihr Begehren, sie will den normalen Mann: ihn gewähren lassen oder ihn verführen. Chris versteht einer Frau das Gefühl zu geben, begehrt zu sein. Ein normales Spiel. Mit ihm kann sie so normal sein wie sie sich fühlt. Heute Nacht, denkt sie, kann ich wieder ganz ich selbst sein.

Inzwischen sind sie in die kleine Allee eingebogen, und in Gedanken sucht sie bereits den Hausschlüssel in ihrer Tasche. Als sie das *Tausendsassa* verließen, hatte sie ihn gefragt, wo er am Morgen aufwachen möchte. Seine

Antwort: In jedem Fall bei dir. Daraufhin hatten sie den kurzen Weg zu ihrer Wohnung genommen. Später dachte sie dann, er hätte auch sagen können *mit dir – egal wo.* Nun sind sie da, und sie öffnet die Haustür. Auf der Treppe ist er vor ihr, erreicht die Wohnungstür, wartet, dass sie sie öffnet und folgt ihr. Ohne jeden Zeitverzug beugt er sich über ihren Nacken. Seine Hände greifen ihren Rücken, ihre Schenkel.

So schnell, denkt sie. Warum so eilig? Noch ist sie nicht so weit. Hier hat sie ihn, den ganz normalen Mann. Schon liegen sie sich in den Armen. Doch ihr Körper findet noch nicht zu ihm.

»Liebst du das Vorspiel?« Sie will Zeit gewinnen.

»Muss ich die Frage wahrheitsgemäß beantworten?« Er kokettiert ein wenig.

»Nein«. Sie lacht. Was bleibt ihr anderes übrig.

Er greift sie erneut, streichelt sie. Sie spürt die gespannten Hände kaum mehr. Männlich-begehrend sein Drängen. Sie umschwirrt ihn gekonnt.

»Ich hab dich gern nah!« Flüsternd umarmt sie ihn.

»Wie nah?«

Die sachliche Frage hat sie nicht erwartet. Nicht so scharf und prüfend im Ton.

»Eben nah«, kommentiert sie knapp. Die verbale Ebene bleibt eine spröde Zutat.

Er lässt nicht von ihr. Es schmerzt sie. Hier hat sie ihn, den normalen Mann. Der schmerzt.

Wenn er doch meine Seele berührte, hätten wir eine wirkliche Begegnung.

Sie sind weit davon entfernt.

Das Gespräch ist lange beendet. Sie reihen noch ein paar Textfragmente aneinander. Sie sprechen vom Gestern und vom Morgen, davon, wie er seinen Garten dezent kostensparend ausleuchtet, wie viel Spaß es macht, mit Italienern zu arbeiten, wie die Rheinuferwiesen unschlagbar duften, wenn auf ihnen frisches Heu trocknet, und sprechen vom Rauschen der Pappeln längs des Flussufers. Nur vom Jetzt sprechen sie nicht.

Er fragt, was sie morgen vorhat. Sie benennt die tägliche Routine. Gerade noch fällt ihr ein, auch ihn nach seinem nächsten Tag zu fragen. Und beschließt gleich: Ach, frag nicht. Und lässt es dann auch.

»Du kannst morgen wunderbar ausschlafen. Ist es okay, wenn ich dich jetzt zudecke?« Er nutzt seine Chance.

»Du musst schon gehen?«

»Ich habe unser kleines Intermezzo genossen, aber nun ist es auch gut. Der Sex mit dir macht immer noch Spaß, aber mehr muss nicht sein. Damals war es ja auch nicht mehr.« Sprach's und lässt die Tür ins Schloss fallen. Schon ist er gegangen.

Nicht mal eine Nacht hat es gedauert. Sie hatte es sich ganz anders vorgestellt. Überrascht von einer plötzlichen Trauer bleibt sie ratlos zurück.

Abends telefoniert sie mit ihrem Bruder und berichtet von ihren Erlebnissen der letzten Zeit. Er nimmt es zum Anlass zu hinterfragen.

»Wie kannst du anfangs so euphorisch sein und bald schon wieder total enttäuscht? Es passiert dir ja nicht zum ersten Mal!«

»Ich habe eben kein gutes Händchen für Männer!«

»Das finde ich zu einfach!«

»Ja, weißt du es besser«?

»Ich weiß es wohl nicht besser, aber mir fällt auf, dass du dich immer wieder in die gleiche Situation bringst. Wie kommt das, frage ich dich?«

»Aber ich wünsche mir eine dauerhafte Beziehung wirklich sehr!«

»Wünschst du dir das vielleicht zu sehr? Macht dich das blind?«

»Du meinst, eine starke Sehnsucht kann einen blind machen?«

»Ja, wieso nicht? Man spricht ja auch von Wunschdenken. Du flüchtest dich da in etwas!«

»Du meinst im Wunschdenken schaut man dann nicht genau genug hin? «

»Ja, so ungefähr!«

»Du meinst, ich flüchte in meine Vorstellungen, statt genau hinzusehen?«

»Ja, vielleicht, statt genau hinzusehen und sich die Dinge entwickeln zu lassen.«

»Ja, so gesehen hast du wahrscheinlich recht. Es ist wohl mein spezielles Strickmuster!« ironisiert sie die Selbstbetrachtung und lacht.

Das Telefonat tut ihr gut, sie genießt eine gewisse Erleichterung, ihre Stimmung ist gelöster, und dankbar beendet sie den Austausch.

Mich nicht mehr in meine Vorstellungen flüchten, sondern in der Realität bleiben? Wunschdenken von Fakten unterscheiden? Genauer hinschauen, was sich entwickeln will? Nicht einfach, denkt sie noch, seufzt, nimmt ihren Mantel und verlässt das Haus. Draußen hält sie für einen Moment inne.

Vielleicht geht es doch eher darum, was ich wirklich will. Sie nimmt sich vor, erneut darüber nachzudenken.

10. Falsch verbunden

Katja zweifelt. Die Perspektive, nach München umzusiedeln, wie ihr Arbeitgeber es wünscht, bringt ihre bisherigen Pläne zu Fall, verspricht allerdings unvorhergesehene Möglichkeiten der attraktiven Großstadt; neue Kontakte, Ausflüge ins bayerische Umland – eben ein glanzvolleres Leben, als sie es aus dem tiefen Ruhrgebiet gewohnt ist. Nicht ganz geheuer ist ihr so viel Fremdheit, kaum vertraute Menschen in ihrer Nähe, außerdem soll München sehr teuer sein. Mit gemischten Gefühlen sagt sie zu.

Die ersten Wochen in München sind arbeitsintensiv. Sie muss sich um vieles kümmern, die Arbeitstage sind lang, und die freie, private Zeit ist knapp. Ihr liegt nichts an Afterworkparties, sie lebt zurückgezogen. Für das erste Jahr in München finanziert ihr das Unternehmen eine möblierte Wohnung; sie findet eine exquisite Behausung zu einem Preis, den sie privat nicht aufgebracht hätte und ist beglückt: ein Penthaus, außergewöhnlich phantasievoll und unkonventionell ausgestattet. Ein Glücksgriff. Hier genießt sie ihre Abende, entspannt, schätzt die luxuriöse Umgebung und tankt wieder auf für den nächsten Tag.

Die Abstimmung mit Kira, der jungen Frau, der das Penthaus gehört, war unkompliziert und kurz. Unter anderem hatte sie angeboten, Katja auch die Festnetznummer zu überlassen, denn nach einem Jahr würde sie zurück sein aus Argentinien und dann wäre es einfach, ihre angestammte Nummer weiterhin zu nutzen. Katja war es sehr recht. So gut wie nie klingelt das Telefon.

Katja lebt sich in der fremden Behausung gut ein. Über manches, was sie dort vorfindet, wundert sie sich. Schuhe türmen sich in allen Farben und Formen, filigrane Sommerpumps, elegante Lackschuhe, goldene Sandaletten, hochhackige Stiefeletten – auch Wanderschuhe. Ein Arsenal sehr femininer Kleider, mit Spaghetti-Trägern, in Glitzer-Optik, fließende Stoffe, viel Schwarz – und Blumenmotive. Nicht weniger faszinierend wirkt der Kulturmix der Möblierung: chinesische Stühle um einen balinesischen Bauerntisch, dekorative Asiatika, alte Gläser und Schalen, üppige Vorhänge in Batik, französisches Essgeschirr, eine bequeme Sitzgruppe in taubenblauem Samt.

Eines Sonntagnachmittags – Katja hat gerade ihren Krimi wieder zur Hand genommen – klingelt das Telefon. Überrascht nimmt sie ab.

»Hallo?«

»Hi, hier ist Frank. Ich bin in der Stadt. Können wir uns sehen?«

»Bitte?«

»Ich würde dich gern sehen!«

»Entschuldigung?«

»Kira? Ist da nicht Kira?«

»Tut mir leid, Kira wohnt hier nicht.«

»Oh, dann habe ich mich wohl verwählt. Nichts für ungut.«

Sie wendet sich wieder dem Lesen zu. Die einsetzende Dämmerung verheißt den nahenden Abend und bald schon geht sie zu Bett.

Bald sind Katjas Arbeitstage weniger lang, privates Leben wird möglich, die Fremdheit ist verflogen, und in der Wohnung hat sie sich vieles vertraut gemacht. Leider passt ihr die Garderobe von Kira nicht; sie hätte durchaus große Lust auf einen Wechsel in ein völlig ungewohntes Aussehen. Schon als Kind hat sie sich leidenschaftlich gern verkleidet, exotische Rollen gespielt – Zigeunerin war ihr die liebste: bunte, schwingende Röcke, klimpernder Schmuck, entsprechende Musik – dann war ihr Glück vollkommen. Dann war sie auch Katja – aber eine ganz andere Katja.

Ostern steht vor der Tür, die Temperaturen bleiben noch unter Null, es stürmt, und Schneeflocken vernebeln die Sicht, die an klaren Tagen weit über die Dächer des Viertels reicht. Das sonntägliche Klassik-Konzert auf Bayern 3 geht gerade in die Pause, als das Telefon läutet und Katja zum Hörer greift.

»Hallo?«

»Ich komme gerade aus Paris. Hast du Zeit?«

»Bitte?«

»Wäre 16 Uhr okay? Hier ist Mike.«

»Ich verstehe nicht?!«

»Kira, was ist los?«

»Hier spricht nicht Kira. Kira wohnt hier nicht mehr.«

»Dann nicht.«

Sie zögert noch einen Moment, aber der Anrufer hat schon aufgelegt. Die sehr direkte Ansprache und Selbstverständlichkeit, mit der er sich mitgeteilt hat, irritieren sie. Sie denkt an Kira. Kira. Sie erinnert sich gut an die schlanke, brünette Person. Kira hatte nicht viel über sich preisgegeben. Außer, dass sie ein Jahr in Argentinien bleiben würde. Dumm nur, denkt Katja, ihre Abwesenheit hatte sie offensichtlich nicht überall hin kommuniziert.

Gegen Abend klingelt das Telefon erneut. Katja hebt ab.

»Hi.«

»Hallo Kira. Wie geht's?«

»Hier spricht nicht Kira. Kira wohnt hier nicht.«

»Ah, bist du ihre Nachfolgerin?«

»Ja, ich wohne hier für eine Zeit. Kira ist in einem Jahr zurück.«

»Okay. Machst du jetzt ihren Job?«

»Ihren Job?«

»Ja, können wir uns dann verabreden?«

»Wieso verabreden?«

»Ja, Kira und ich hatten immer eine prima Zeit. Ich bin Markus. Vielleicht hat sie von mir gesprochen? Ich sehe gut aus und bin auch sehr großzügig!«

»Ich glaube, hier liegt ein Missverständnis vor. Haben Sie einen guten Abend!«

Katja beendet das kurze Gespräch, und blitzartig ist sie sicher, dass Kira, die junge, gutaussehende Frau, ein professionelles Verhältnis zu Männern pflegt. Sie erinnert sich an die beiden ersten Telefonate und findet keine andere Erklärung für das Verhalten der Anrufer.

Das wirft ein ganz anderes Licht auf die ungewöhnliche Penthaus-Wohnung und ihre abwesende Besitzerin. Katja hat das Gefühl, als offenbare sich ihr ein Geheimnis – nur, so geheim ist es auch wieder nicht. Es war nur jenseits ihrer Vorstellungswelt. Jetzt aber sinniert sie über Kiras wahrscheinlichen Kontakt zu Männern nach und ertappt sich dabei, wie sie diesen durchaus reizvoll ausmalt. Escort-Service ist das naheliegende Stichwort. Nichts, was in ihr Leben gehört. Bisher. Aufs Lesen kann sie sich heute Abend nicht konzentrieren. Ihre Gedanken kreisen um Kira, um die Männerbekanntschaften, die sie Kira zuordnet, um die potenziellen Begegnungen. Katja entwickelt weitreichende Vorstellungen von den Orten der Treffen, den Gesprächen, wie wird gegessen und getrunken, wie nähern sie sich, welche Wünsche werden praktiziert. Sie entwirft ein Drehbuch nach dem anderen vor ihrem inneren Auge. Sie entwirft Szenen in der Wohnung, in Restaurants, in der lauen Natur, im 5-Sterne-Hotel, im Nachtclub oder im Museum. Ihr phantasiegeprägtes Repertoire lässt nichts aus. Die Welt, die sie entwirft, wirkt gar nicht so fremd, gar nicht so fern, wie sie zunächst dachte. Eine ungewöhnliche Unruhe bemächtigt sich ihrer, ihr Puls geht schnell und fast fühlt sie sich ein wenig fiebrig.

In der Rückschau ist ihr tatsächliches Liebesleben recht blass; sie hat kaum intimen Kontakt zu Männern. Eine anfangs vielversprechende Freundschaft, die zunehmend freudloser wurde, hatte sie vor zwei Jahren beendet. Gelegentlich spürt sie den Mangel in ihrem Single-Dasein; sie wünscht sich mehr Erotik, doch schnelle, oberflächliche Kontaktmöglichkeiten schrecken sie ab; sie sucht eine tragfähige, belastbare, dauerhafte Beziehung. Eigentlich. Was ist, wenn sie eine solche Verbindung nicht findet?

Katjas Blick kreist über die vielen hübschen und außergewöhnlichen Gegenstände in ihrer elegant-exotischen Kira-Welt. Sie hat Freude an einem Stil, ganz und gar anders als das, was sie bisher gewohnt war und für passend gehalten hatte, und eine Idee drängt sich ihr auf, die sie nicht abwehren kann: Wie wäre es, wenn sie tatsächlich auf einen dieser Anrufe zustimmend reagieren würde? Eine faszinierende Idee! Gleichzeitig erschrickt sie: Was, wenn so jemand nicht nur gute Absichten hätte? Gewalttätig würde? Das Risiko müsste sie natürlich irgendwie absichern.

Aber sie macht sich Mut: Sie sieht passabel aus, ist nicht zu alt, hat ein angemessenes Auftreten. Man würde sich zunächst an einem offiziellen Ort verabreden, ausloten, wer der Mann wäre, Spielregeln vereinbaren und wenn es konkret würde, ein Hotel aufsuchen, keinesfalls ihre Wohnung. Da die Telefonnummer bekannt ist, kann sie nicht ausschließen, dass das auch die Anschrift betrifft. Das verursacht ihr Unbehagen. Ist das Risiko nicht zu groß? Andrerseits ist sie erstaunt, wie locker sie sich bereits in der Rolle einer stundenweisen Begleiterin sieht und wie sehr sie das inspiriert. Aber was wäre, wenn der Mann nicht zufrieden wäre? Wenn sie seinen Ansprüchen nicht genügen könnte? Die Zweifel lassen nicht locker. Doch immer wieder spürt sie die Versuchung: die unglaubliche Freiheit, sich auszuprobieren, mal eine ganz andere zu sein – wie sie es als Kind so gern gespielt hat! Fordernd und verführerisch oder mal wirklich dominant sein – selbst stärkste Männer soll das ja anturnen – oder hingebungsvoll mädchenhaft – die Neigungen der Männer bedienen! In Rollen schlüpfen – ganz viele sein – je nach Lust und Laune. Mal einen Mann finanziell richtig bluten lassen und die Kapriziöse spielen!

Sie erschrickt ob ihrer Gedanken, ertappt sich bei Phantasien jenseits ihrer Moral und fühlt sich schlecht. Ungeahnte Tiefen tun sich auf, sie ist entsetzt, wie zügellos sie die Szenerie entwirft. Und dennoch ist die Verführung groß: Aussteigen aus dem konventionellen Entwurf ihres

Daseins, etwas Abenteuerliches in ihren Alltag holen, sich ausprobieren, sich bezahlen oder beschenken lassen, besser beides. Die Skrupel über Bord werfen, sich frei machen von der entsetzlich langweiligen Anständigkeit. Wenigstens ein Mal. Es liegt so nahe.

Als sie an diesem Abend das Licht löscht, liegt der Hauch eines Lächelns auf ihren Lippen.

Monate später schaut Katja auf etliche, interessante Begegnungen in ihrer Rolle als Escort-Dame zurück. Bald kündigt sie ihren langweiligen IT-Job und mietet ein eigenes Penthouse an, das sie sehr stylish einrichtet, sehr funktional und sehr elegant. Überschüssigen Verdienst investiert sie in moderne Kunst, bewegt sich auch in der Szene und hat im Übrigen gut zu tun.

Nach wenigen Jahren schreibt sie sich für Kunstgeschichte und Psychologie an der Uni als Gasthörerin ein. Ihr erstes Buch, ein Roman über eine Frau mit vermeintlich multipler Persönlichkeit, wird ein Bestseller. Die Grenzziehung zu autobiographischen Elementen hält sie sehr vage, genießt aber ihre häufige Präsenz in medialen Talkshows.

11. Im Engadin

Er war ein aufstrebender, vielversprechender junger Autor. Zu Beginn waren sich die Literaturkritiker nicht einig, was seinen durchschlagenden Erfolg bedingte. War es der Zeitgeist, die Diktion, Zufall oder der Mangel an frischem Wind in der Autoren-Szene? Die literarischen Helden derzeit hießen noch Dürrenmatt, Frisch, Strauß oder Thomas Bernhard.

Der Erhalt des Berner Buchpreises war ihm zu Kopf gestiegen; seine Stellung in der Szene gefestigt, und er genoss die kontinuierlich wachsende Zahl seiner Bewunderer. Häufige Lesungen in den deutschsprachigen Ländern, Messebesuche, Tonaufnahmen für Hörbücher und Abstimmungstreffen mit Theaterregisseuren verlangten ihm ein strammes Programm ab. Er war von stabiler Natur, nicht sehr groß, ein etwas gedrungenes, wenig markantes Gesicht machte ihn nicht gerade auffällig. Leicht hätte man ihn für einen Universitätsassistenten oder einen freundlichen Arzt halten können. Besonders die Generation der 30-Jährigen schätzte seinen Stil, seine ironischen Wendungen, die Freiheiten surrealistischer Ausflüge in Texten, die mit hoher realistischer Präzision auch banale gesellschaftliche Handlungsbilder anboten. Eine einfühlsame Distanziertheit seinen Figuren gegenüber verstand er zu kombinieren und zu ergänzen mit einer analysierenden Urteilsfähigkeit. In späteren Jahren kennzeichneten autobiographische Züge sein Werk; neue Themenkreise fand er in Zeitungsartikeln, im Freundes- und Bekanntenkreis sowie auf Reisen.

Eine der vielen Reisen führt ihn ins Engadin, das er gut kennt. Er freut sich auf die wohltuende Stille in den Bergen und das weitgespannte Gipfelpanorama ringsum. Hier kommt er auf jeden Fall auf seine Kosten. Sei es durch Rückzug, um zu schreiben, sei es durch Gespräche mit den Mitreisenden oder am knisternden Kaminfeuer, um seinen Gedanken nachzuhängen. Er lässt die Dinge auf sich zukommen, ohne eigenes Zutun findet er sich oft in Umständen wieder, die ihn für eine nächste literarische Arbeit inspirieren.

Auf dieser Reise trifft er zum ersten Mal auf die weiteren Teilnehmer der Wandergruppe, als sie sich zum Nachtessen in der Bauernstube einfinden. Als das Essen serviert wird, ist bereits ein reges Gemurmel um den Tisch herum im Gange. Ein regionales Tellergericht ist schnell verspeist, und schon brechen einzelne Gäste vom Tisch auf, andere bestellen noch etwas Wein oder Kaffee. Der Autor rückt zu einer jungen Frau mit hüftlangen, dunklen Haaren auf. Er stellt sich namentlich vor, sie stutzt einen Moment, denn er trägt den gleichen Namen wie ihr Schweizer Lieblingsautor. Zufall? Wahrscheinlich! Diese Schweizer heißen ja alle gleich, denkt sie und hört ihm zu.

»Worauf freuen Sie sich besonders in diesem Urlaub? Es ist doch Urlaub für Sie, oder?«

Sie muss nicht lang überlegen.

»Ich freue mich darauf, tun und lassen zu können, was ich möchte; wandern, sonnen, schlafen, lesen. Wie's gerad gefällt. Hier komme ich zur Ruhe, mein Alltag rückt in weite Ferne, hier habe ich keine Pflichten, keine Verantwortung, muss mich nicht um jemanden kümmern.«

»Aber wir sind doch hier, um gemeinsam zu wandern?« Erwidert er leicht skeptisch.

»Ich habe nicht gesagt, ich will allein sein.« Sie lächelt ihn an. »In diesem Kreis bin ich niemandem verpflichtet, habe keine Rolle, an die Erwartungen gerichtet sind, die ich erfüllen muss; bin frei.«

»Sind Sie das sonst nicht?«

»Nein, höchst selten.« Sie wendet sich ihrem anderen Sitznachbarn zu und lässt den Autor leicht verwundert zurück.

Nach und nach leert sich der Tisch, einige verabreden sich zu einer ungefähren Frühstückszeit und ziehen von dannen. Die Wetteraussichten für den nächsten Tag sind sehr gut, milde Temperaturen, viel Sonnenschein, klarer Himmel – ideales Wanderwetter.

Als sich die Gruppe am Morgen zum Aufbruch in die Berge trifft, sind alle bestens gerüstet: festes Schuhwerk, leichte Rucksäcke, Getränke, Sonnenbrillen und -hüte, kurze und lange Hosen, Stöcke und was jeder so braucht. Die Leiterin erklärt die Route, fragt, wer das Schlusslicht bilden möchte, und erläutert die Zeiten, in denen schweigend gewandert wird. Die Teilnehmer nehmen es zur Kenntnis, einige erfreut, andere eher widerwillig. Der Autor beobachtet derweil die junge Frau mit den sehr langen dunklen Haaren und wie sich ihr Gesicht aufhellt. Er vermutet, dass sie sich auf die Schweigephasen während der Wanderung freut, hofft aber, dass sie seinen Gesprächswünschen mehr entgegenkommt als am vorausgegangenen Abend.

Der Autor bringt in Erfahrung, dass die junge Frau eine Betriebsärztin ist. Die Auskunft stellt ihn zunächst zufrieden; so hat er weitere Anknüpfungspunkte für ein Gespräch. Er ist gespannt wie sich der Kontakt weiterentwickeln lässt und dass sie Rita heißt, hat er auch schon herausgefunden.

Nach zwei Stunden Aufstieg macht die Gruppe eine ausgedehnte Rast, die dünne Luft ist gewöhnungsbedürftig. Während sie ihren Rucksack absetzt und eine Getränkeflasche hervorkramt, steht der Autor an Ritas Seite. Er sucht nach dem richtigen Einstieg. Alles, was ihm spontan einfällt, scheint ihm zu floskelhaft. Also schweigt er lieber. In der Regel vertraut er darauf, dass seine abwartende Haltung den oder die Andere motiviert, initiativ zu werden. Bei ihr ist es wohl nicht so. Sie sieht ihn gelegentlich an, lächelt und schaut dann wieder in eine andere Richtung. Sie hat was von einer Sphinx, denkt er, und außerdem ist sie schön, wirklich schön.

Nach der Rast liegt eine längere ebenmäßige Wegstrecke auf einem Hochplateau vor ihnen. Der Autor nutzt die

Chance, gesellt sich zu Rita und spricht sie unvermittelt an.

»Was wirst du in dieser Woche am meisten vermissen?«

Er setzt auf den doppelten Überraschungseffekt, das unvermittelte *du* und die sehr direkte Frage nach einem persönlichen Mangel. Es funktioniert. Sie schaut ihn erstaunt an.

»Ich hoffe, gar nichts zu vermissen. Es ist nur eine Woche, nicht die Ewigkeit. Wie ist es denn bei dir?« Sagt sie zögernd und bleibt für Sekunden stehen. Sie nimmt den Ball auf, freut er sich und antwortet bereitwillig.

»Ich werde Bücher vermissen. Zählen kann ich sie nicht mehr, sie füllen zwei Räume! Allerdings konnte ich mich nicht entscheiden welche mitkommen, zu schade für die, die zurückbleiben. Also vermisse ich das ein oder andere Buch.«

Mit einem interessierten Lächeln lässt sie sich darauf ein.

»Ja, Bücher! Literatur ist mein Leben nach Dienstschluss. Allerdings sammle ich sie nicht. Was gelesen ist, kommt weg. Sie – oh Entschuldigung – du hast übrigens einen sehr bekannten Namensvetter, der gerade diverse Preise abräumt, und ich habe einen Roman von ihm sogar dabei!«

Er ist froh, dass sich die Gruppe wieder in Bewegung setzt und ihm so eine direkte Antwort erspart bleibt. Er will nicht unbedingt inkognito bleiben – seinen Namen hatte er ja bereits preisgegeben – aber er will sich nicht als Schriftsteller outen; zu häufig halten ihn die Menschen dann für einen Exoten, und ihr Verhalten ihm gegenüber gleitet ins Unnatürliche ab. Außerdem möchte er gern wissen, was sie wirklich über seine Arbeit denkt und sich nicht persönlich ins Spiel bringen.

Beim Gipfel-Anstieg teilt sich die Gruppe, die einen rasten in der Nähe der letzten Almhütte, die anderen stürmen dem Gipfel zu. Rita und der Autor gehören zu den Stürmern, bleiben aber hinter den eiligeren zurück.

In dieser Höhe leuchtet die Sonne klarer als im Tal, den Farben entzieht sie die warmen Töne und trotz ihrer Leuchtkraft bleibt der Wind hier oben spürbar kalt. Dennoch geben sich alle minutenlang der berauschenden Weite der Felsformationen und dem zum Greifen nahen, blau-silbrigen Himmel hin.

Rita ist eingetaucht in die schweigende Gegenwart ihres Gesprächspartners, sie macht sich so ihre Gedanken. Sie hält ihn für einen Beamten, vielleicht in einem akademischen Beruf, vielleicht ein Lehrer. Sein Alter kann sie schlecht schätzen – zwischen 30 und 40 nimmt sie an, vielleicht kurz drüber. Er ist auf eine Weise präsent, die ihr behagt. Sie fühlt die Nähe, ohne sie suchen zu müssen. Er ist ein Weltenbeobachter wie ich, denkt sie, darin ähneln wir uns. Er ist ein fremder Freund.

Am späten Nachmittag ist die Wandergruppe zurück in der Unterkunft, Zeit für einen Sundowner, dann folgt das

Nachtessen. Es zieht sich nicht lang hin, die erste Tagestour war anstrengend, das fremde Klima muss verkraftet werden, und die Erschöpfung ist am Besten im Schlaf zu überwinden.

Am nächsten Morgen bleibt Rita im Hotel zurück, um sich mit einem Buch ihres Schweizer Lieblingsautors auf die Sonnenterasse zurückzuziehen. Von anderen Gästen unbehelligt widmet sie sich ganz der Lektüre, unterbrochen nur von gelegentlichen gedanklichen Abschweifungen zu *ihrem fremden Freund.* Eine absolute Namensgleichheit mit ihrem Lieblingsautor! Sie ist belustigt und spielt auch mit der Möglichkeit, er wäre es tatsächlich. Andererseits glaubt sie nicht, dass sich eine solche Berühmtheit auf so banale Reisen begibt. Und wenn sie ihn fragen würde? Zu abstrus scheint ihr der Gedanke, und sie möchte sich keinesfalls blamieren. Möglicherweise würde er ihr auch gar nicht ehrlich antworten, würde inkognito bleiben wollen – dann wäre sie so schlau wie vorher!

Am letzten Tag des Urlaubs spricht er sie doch noch an. Er interessiert sich für ihr Arbeitsumfeld und im Besonderen stellt er Fragen zur Unternehmenskultur, zu Karrierewegen und -gelüsten, Zusammenarbeiten und Rivalitäten, zu der Ausprägung und dem praktizierten Verhältnis von Kapital und sozialer Verantwortung. Wahrscheinlich ist er doch Journalist denkt sie, sagt es aber nicht. Es macht ihr Spaß, ihre Sicht der Dinge zu entwickeln, und so führt sie ihn anschaulich und vergnügt in die Gepflogenheiten unternehmensinterner Rituale, Spielarten, taktischer Politik und anderer Manöver ein. Szenarien, wie sie in jedem Konzern beobachtbar sind. Auch ein bestimmter Jargon kennzeichnet die Innenwelten der globalen Player. »Wilde Hunde« sind z.B. die Häuptlinge, die Chefs und Chef-Chefs; »Straßenköter« sind die Indianer, die einfachen Angestellten und Arbeiter. Diese Unterscheidung gefällt ihrem Gesprächspartner besonders gut; einerseits ist er belustigt ob der Bezeichnungen und andererseits fröstelt ihn die Unwürdigkeit einer damit zum Ausdruck kommenden vermeintlichen Ordnung. Sie erläutert gern, was er wissen möchte; als Betriebsärztin schaut sie hinter zahlreiche Kulissen, ist vielen Menschen dort persönlich sehr nahe. Seine Art zu fragen bringt sie selbst ins Nachdenken. Im Nachhinein hätte sie sich gern häufiger mit ihm unterhalten.

Diese Woche ist viel zu schnell verflogen. Ein letztes Nachtessen, dann gehen alle auseinander.

Rita staunt nicht schlecht, als eines Tages das örtliche Schauspielhaus in ihrer Heimatstadt für ein hoch gelobtes Stück wirbt und es mehrfach aufführt: »Wilde Hunde«. Es erhält zahlreiche Auszeichnungen und wird in mehrere Sprachen übersetzt. Ihr Lieblingsautor hat es entworfen. Verwundert und neugierig besucht sie eine der ersten Aufführungen und ist fasziniert, wie sehr sich der Inhalt mit ihren Berufserfahrungen im Konzern deckt. Ganze Dialogsentenzen klingen wie aus ihrem Munde. Und während ihre Aufmerksamkeit dem Verlauf des Stückes folgt, schiebt sich eine Erinnerung davor: die Begegnung im Engadin vor wenigen Jahren; als sie diesen fremden Freund traf; der namensgleich mit ihrem Lieblingsautor war; wie sie ihm ausführlich und bereitwilligst ihren beruflichen Erfahrungsschatz ausgebreitet hat, und den sie jetzt in diesem Stück dramatisiert und dennoch nahezu 1:1 wiederfindet.

Dann war er es tatsächlich, denkt sie – jetzt frei von Zweifeln. Hätte ich damals doch nur den Mund aufgemacht! Sie hätte ihm gern gesagt, wie sehr sie ihn bewundert, und wer weiß, was hätte entstehen können?! Was für eine verpasste Chance! Das Bedauern wirkt noch lange nach. Letztlich schwört sie sich, zukünftig auch abstruse Gedanken auszusprechen, nicht so schüchtern zu sein, mutiger, ruhig etwas zu riskieren, nichts für unmöglich zu halten, um nicht leichtfertig Chancen zu verspielen.

12. Loslassen

»Ich möchte, dass du mich auszahlst!«

»Das ist nicht dein Ernst!«

»Auch die Scheidung!«

»Bist du von allen guten Geistern verlassen?«

»Du kannst dir gern überlegen, in welcher Reihenfolge!«

Damit fällt die Haustür ins Schloss, und wenige Minuten später hört er ihren Wagen vom Hof fahren. Günther bleibt benommen zurück, wie versteinert lehnt er am Küchentisch, sein leerer Blick geht hinaus auf den rückwärtigen Teil des Hofes, die blattleeren Bäume recken ihre dürren Zweige in die trübe Dämmerung. Minutenlang verharrt er sprachlos in der gleichen Position, unfähig etwas zu denken, unfähig sich zu bewegen, unfähig so weiterzumachen wie bisher.

Zunächst hält er es für eine Provokation. Seine Frau war immer schon für spontane Ausbrüche gut, sie trieb es gern auf die Spitze, durchbrach gern die konventionellen Gepflogenheiten einer intakten Ehe. Er hatte es ihr oft nachgesehen und irgendwann hörte er auf, sie ernst zu nehmen.

Heute ist ihr Ton so kalt und scharf wie lange nicht, und es erreicht ihn heftiger als sonst. Er lehnt weiter reglos am Küchentisch, ungläubig in Bezug auf das, was ihm seine Frau vor wenigen Minuten ohne Ankündigung an den Kopf geworfen hat.

Vegtmeiers kommen ihm in den Sinn. Ulrich und Luise. Drei Häuser weiter. Seit über dreißig Jahren sind sie Nachbarn gewesen. Ein freundliches, ausgeglichenes Paar mit erwachsenen Kindern, fernab der Eltern in Belgien und der Schweiz ansässig. Vegtmeiers haben vor einem halben Jahr ihr Haus verkauft und sind ausgezogen, nachdem sie sich zur Überraschung aller getrennt hatten. Und in dem gegenüberliegenden Haus hat sich vor kurzem auch ein Ehedrama abgespielt.

Es wird doch wohl keine Epidemie sein, denkt Günther, den bitteren Sarkasmus kann er sich nicht verkneifen, und gegen die aufkommende Übelkeit braucht er jetzt einen Whiskey. Er hat das diffuse Gefühl, dass es eben um mehr ging als sonst, dass seine Frau nicht ganz so leicht wieder einzufangen sein würde wie üblich.

Er verlässt zögernden Schrittes die Küche, steuert auf sein Arbeitszimmer zu, entnimmt dort der kleinen Bar ein Glas, füllt es mit Whiskey, trägt es in das ausladende Wohnzimmer und setzt sich dort in den erst vor wenigen Monaten erstandenen Eames-Chair mit Blick auf den Kamin. Der Drink tut seine Wirkung. Seine Schockstarre löst sich ein wenig, und er hält es für angebracht, zunächst mal die weitere Entwicklung abzuwarten. Wahrscheinlich hat seine Frau – wie so häufig – irgendeinen kleinen Erpressungsversuch im Hinterkopf und will dafür nur das Terrain vorbereiten. Ein zweiter Whiskey tut seine Wirkung, und er fühlt sich entspannter. Lange sitzt er so da, sein Kopf fühlt sich dumpf an, er lauscht auf alle Motorengeräusche, die durch das geschlossene Fenster dringen in der Hoffnung, nicht so bald schon wieder den Wagen seiner Frau zu hören.

Als es so weit ist, hat die Nacht bereits alles in tiefe Dunkelheit gehüllt. Wie festgeklebt hängt er nach wie vor in seinem Sessel, erst als der Haustürschlüssel im Schloss knarrt, wird ihm klar, dass sie zurück ist.

»Bist du zu Hause? Wieso ist alles dunkel? Warum machst du kein Licht?«

Er weiß nicht, was er antworten soll, und schweigt.

Umgehend erhellen sich die unteren Räume, seine Frau bemerkt ihn vor dem Kamin und kommt auf ihn zu.

»Du solltest noch folgendes wissen…« Sie zögert kurz, bevor sie fortfährt.

»Ich habe mich für einen anderen Mann entschieden, ich werde nicht mehr mit dir zusammenleben. Heute nehme ich einen Teil meiner persönlichen Sachen mit, über alles andere können wir später sprechen.«

Damit verlässt sie ihn, geht in die obere Etage, um zu packen, und nach zwanzig Minuten ist sie für immer aus dem Haus.

Die nächsten Tage kann er später nicht mehr genau erinnern. Er weiß nur noch, dass er viel wirres Zeug gedacht hat, Erinnerungen wutentbrannt verworfen und keinen Telefonanruf entgegengenommen hat, Küche und Bad verdrecken ließ und erstmalig wieder aus dem Hause trat, als er nun gar nichts mehr zu essen und zu trinken finden konnte. Im Supermarkt warf er wahllos in den Korb, was ihm bekannt vorkam und beeilte sich, zügig nach Hause zurückzukehren.

Wenige Wochen später erhält er Post vom Anwalt seiner Frau, der dezidiert ihre Forderungen aufgelistet hat, ebenso wie das Verfahren abzuwickeln sei, und unmissverständlich zum Ausdruck bringt, wie endgültig die bereits praktisch vollzogene Trennung zu verstehen sei.

Damit schließlich setzt bei ihm das Selbstmitleid ein. Er versteht immer noch nicht, wie sie sich so hat verhalten können: ihn im Alter von 72 Jahren einfach stehen lassen, nicht den geringsten Funken einer Sorge zu erkennen geben, sich null um Haus und Hof zu scheren, auf nichts und niemand Rücksicht zu nehmen! Ihn einfach sich selbst zu überlassen – ihn allein zu lassen!

Er weiß nichts mit sich anzufangen, und neben dem Selbstmitleid kriecht die Angst vorm Alleinsein und Alleinbleiben beständig stärker werdend in ihm hoch und weicht nicht mehr beiseite. Seine emotionalen Einbrüche werden heftiger, wechseln mit Wutausbrüchen, teilweise fühlt er sich wie amputiert, hat Schlafstörungen, nimmt leere Flaschen und wirft sie donnernd die Kellertreppe runter oder setzt sich ins Auto und rast mit überhöhter Geschwindigkeit die Schnellstraße entlang. Dann rutscht er in die depressive Phase. Ihm wird alles zu viel, er ist ausgebrannt, hilflos.

Ein Freund meldet sich wiederholt und lässt nicht locker, bis Günther bereit ist, ihn zum Fußballspiel ihres Vereins zu begleiten. Hier taut er etwas auf, das Spiel bringt ihn auf andere Gedanken, die heimische Mannschaft gewinnt – das ist ja mal was!

Am Abend beim Bierchen in der Stammkneipe kommt er ins Erzählen. Sein Blick auf die gescheiterte Ehe ist inzwischen nüchterner als zu Beginn der Trennung; er gestattet sich, seine Frau im kritischen Licht zu sehen und zu benennen, was ihm immer schon an ihr missfallen hat. Mit den täglichen Lebensnotwendigkeiten kommt er einigermaßen klar. Der Freund hört aufmerksam zu und meint nach einer ganzen Weile:

»Ja, dann fehlt dir doch eigentlich gar nichts?!«

»Ja, eigentlich, eigentlich hast du recht. Von außen sieht es so aus. Manchmal glaub‘ ich es selbst!«

»Manchmal? Nur manchmal?«

»Ja, es gibt dann die Momente, wenn die Panik einsetzt!«

»Panik? Wieso Panik?«

»Wenn die Angst mich zerfrisst, die Einsamkeit wie ein Keulenschlag über mich kommt, ich nicht mehr atmen kann, ich nicht weiß, wohin ich soll!«

Ungläubig schweigt der Freund ihn an.

»Du kannst dir das vielleicht nicht vorstellen, aber ich habe dann furchtbare Herzschmerzen und denke: was soll nur aus mir werden? Ich habe dann schreckliche Angst und weiß mir nicht zu helfen!«

»Du brauchst wieder eine Partnerin!«

Entschieden konstatiert der Freund eine für ihn untrügliche Notwendigkeit.

»Du bist gut – in meinem Alter! Ich bin über 70 – schon vergessen?«

»Das sollte dich wirklich nicht hindern! Da gibt es noch ganz andere Konstellationen!«

»Aber das sind doch Ausnahmen!«

»Und wenn auch – dann wirst du eben auch eine Ausnahme!«

»Nein, kann ich mir nicht vorstellen – guck dir doch die Silberlöckchen an – wie sie in den Cafés sitzen, in der Kneipe – selbst in der Nachbarschaft die Witwen – keine von denen könnte ich mir denken!«

Inzwischen schaut der Freund schon zuversichtlicher.

»Du musst es nicht dem Zufall überlassen. Heute gibt es für jedes Alter und Niveau internetbasierte Partnerbörsen mit enormen Datensätzen!«

»Nichts für mich! So künstlich kann man doch keine Beziehung anfangen! Und überhaupt – wie armselig ist denn das, wenn man eine Maschine befragen muss! Und dann wie peinlich, sich als Suchender zu outen! Und die Leute denken sowieso, das wird schon einen Grund haben, dass ihm die Frau weggelaufen ist! Nein, Internet, nichts für mich!«

Okay, denkt der Freund, dann ist da kein Durchkommen. Resigniert kommt er auf das Fußballspiel zurück. Da sind sie sich einig in der Einzelkritik der Spieler, der Bewertung des Schiedsrichters und der Einschätzung des Entwicklungspotenzials der gegnerischen Mannschaft.

Wochen später treffen sie sich zufällig an der Tankstelle in ihrer Nähe. Mit unverhohlener Neugier fällt der Freund gleich mit der Tür ins Haus.

»Na, wandelst du noch auf Freiersfüßen oder hast du inzwischen jemanden gefunden?«

»Ach lass nur, in meinem Alter wird das nichts mehr! Gegen die Panikattacken habe ich mir was verschreiben lassen, allerdings meint der Arzt, das sei nur das letzte Mittel.«

»So, und was rät er dir stattdessen?«

»Ich soll in mich gehen und mein tieferliegendes Bedürfnis realisieren und dem entsprechen!«

»Und?«

»Gut, ich möchte nicht allein sein! Ich möchte einfach nicht einsam sein!«

Der Freund wittert eine neue Chance und hofft, ihn dieses Mal überzeugen zu können.

»Also, willst du es nicht doch mal mit dem Internet versuchen? Wir machen das zusammen! Ich helfe dir technisch, bei der Kontaktdatenerstellung und – wenn du willst – auch bei der tatsächlichen Kontaktnahme. Bleibe da natürlich im Hintergrund, ist ja klar!«

»Ich weiß nicht?« Günther schüttelt den Kopf.

»Es ist ja nur ein Versuch! Ein kleines Experiment – du kannst jederzeit aussteigen! Du riskierst nicht wirklich etwas!«

»Ich überleg es mir! Muss jetzt aber erst mal weiter, meine Sachen aus der Reinigung holen. Aber ganz herzlichen Dank, dass du nicht lockerlässt – auch für dein Unterstützungsangebot. Das macht es mir vielleicht einfacher, danke!«

Als er gegen Abend wieder zuhause ist, den obligaten Whiskey neben sich, richtet er sich – wie häufiger in letzter Zeit – im neuen Sessel ein, der Blick geht auf die weite Terrasse und streift über eine nahegelegene hügelige Waldlandschaft. Er muss an die Worte des Arztes denken und wie ungern er ihm das sedierende Medikament verschrieben hat. Es dämpft die Angstattacken, macht ihn aber auch sehr träge. Er weiß selbst, dass es keine gute Lösung ist. Er braucht wirklich ein menschliches Wesen in seiner Nähe, er ist bedürftig, sogar sehr. Die Ausreden der letzten Monate – rechtlich muss erst alles geklärt sein; das Eigentum seiner Frau muss aus dem Haus sein; Freunde sollen klären, mit wem von ihnen beiden sie im Kontakt bleiben wollen; seine medizinischen Routineuntersuchungen müssen über die Bühne sein; er muss seine finanzielle Situation erst wieder geordnet haben und vieles andere mehr, alles soll erst erledigt sein, dann will er sich vielleicht dem Thema Partnerschaft widmen.

Nach Wochen ist er soweit. Er wählt die Nummer des Freundes und erreicht ihn sofort.

»Ich wollte dich fragen, ob du noch zu dem »Projekt« bereit bist, du weißt schon, was ich meine!«

Überraschung und Erleichterung sind dem Freund anzumerken, als er ihm lachend erwidert:

»Dann lass uns mal schnell beginnen, das Leben ist endlich! Hast du morgen Nachmittag Zeit? Dann komm doch rüber und wir bringen alles Notwendige auf den Weg!«

Als sie das Projekt nach wenigen Wochen erfolgreich abschließen, ist Günther nicht nur froh über eine neue Partnerin, sondern seine Skepsis dem Internet gegenüber hat sich grundlegend gewandelt. Inzwischen hält er die »Maschine« auch in anderer Weise für äußerst nützlich, schwärmt von der Schnelligkeit der Informationsgewinnung, der Bequemlichkeit des Einkaufens im Internet und der breiten Auswahl unterschiedlichster Lektüre dort. Besonders begeistert allerdings hat er sich dem Seniorenkreis seiner Kirchengemeinde zugewandt, dem er voller Hingabe den Gebrauch des Internets nahebringt.

13. Start up

Einmal pro Jahr besucht der Guru, ansässig in Kalifornien, die europäischen Metropolen. Er ist bekannt, hat eine hohe Reputation, seine Vorträge und Workshops sind schnell ausgebucht. George, der Vorname genügt stets, wirkt anziehend auf Frauen, was er gern gelten lässt, was ihn aber nicht nachhaltig interessiert. Bei Orientierungsfragen weiß er Perspektiven vorzuschlagen, bei Entscheidungsunsicherheiten hat er Alternativen parat, bei Trübnis tröstet er. Er ist lebenserfahren, weitgereist, ein anerkanntes Mitglied einer globalen Community.

Catherine lernt ihn zu einem Zeitpunkt in ihrem Leben kennen, als ihr alles zu viel, zu aussichtslos, zu falsch vorkommt. Sie fühlt sich müde, lustlos und schwach. Den Workshop mit George hat ihr eine Freundin empfohlen, und zögernd hat sie sich angemeldet, mehr um der Freundin zu Gefallen zu sein und deren Rat nicht in den Wind zu schlagen. Der Workshop soll Freitagabend beginnen und Sonntagmittag enden. Gegebenenfalls, denkt Catherine, verabschiede ich mich eben vorzeitig. Als sie sich Freitag dann auf den Weg macht, kommt sie um ein Haar zu spät.

Als sie den Tagungsraum betritt, kann sie George sofort ausmachen, sie kennt ihn von einem Foto im Internet.

Direkt neben ihm klafft eine Lücke, Catherine nimmt dort Platz. Dann fordert er die Gruppe auf, sich innerlich auf eine erste Meditation vorzubereiten, mit der er die Veranstaltung starten will. Catherine lauscht der dunklen, samtigen Stimme, einzelne Wörter perlen ihr entgegen und verschwinden wieder, Vokale klingen nach, und kurze Pausen lassen sie aufhorchen und darauf warten, dass die Stimme wieder anhebt.

Der weitere Verlauf des Freitagabends besteht aus verschiedenen Reflexionsübungen. Catherine kann sich gut auf diesen Prozess einlassen, der Überdruss der vergangenen Monate, ihre Müdigkeit und Lustlosigkeit zielen im Wesentlichen auf die Fragen: Wo will ich hin? Was soll werden? Dass ihr in letzter Zeit die Orientierung fehlte. ist klar, aber wie Orientierung finden?

Gegen 22 Uhr ist der offizielle Teil des Workshops beendet, Catherine verabschiedet sich von George, der sie bei der Gelegenheit in den Arm nimmt; sie fühlt sich zu ihm hingezogen, ist schon jetzt froh, dass sie sich für die Veranstaltung entschieden hat.

Der Samstag verläuft ohne Zwischenfälle; Catherine will George bitten, mit ihr am Sonntagmorgen individuell zu arbeiten, wenn möglich. Sie hat Vertrauen zu ihm und seinen Interventionen gefasst, will sich und ihre Zweifel ihm öffnen, um endlich Gewissheit zu finden. Nachdem sie George ihr Anliegen erläutert hat und gefragt wird, was sie genau erreichen möchte, sagt sie: Ich brauche einen Neuanfang, aber ich weiß nicht, wo und wie.

In dieser Samstagnacht hat sie einen unruhigen Schlaf, häufig unterbrochen von Wachphasen und Herzklopfen. Sie sieht George, wie er mit Teilnehmern spricht, Übungen instruiert, beobachtet. Sie hört seine Stimme, sieht ihn lächeln und den aufmunternden Blick in seinen Augen. Sie kann nicht unterscheiden zwischen Traumfetzen und Wachträumen. Wenn sie spürt, wie trocken ihr Mund ist, nimmt sie einen Schluck Wasser, findet aber nicht in den Schlaf zurück. Sie ist aufgeregt, fühlt sich ihrer Wirklichkeit entrückt, fast euphorisch. All ihre Sinne richten sich auf George, und sie spürt das Verlangen in sich aufsteigen.

Am Sonntagmorgen schlägt George als Intervention für Catherine eine Hyperventilation vor und fragt, ob sie damit einverstanden sei. Sie hat diese Intervention noch nicht kennen gelernt und bittet um eine kurze Erläuterung.

»Die Methode meiner Wahl ist das Holotrope Atmen nach Stan Grof, Menschen erleben die dadurch veränderten Bewusstseinszustände sehr unterschiedlich, nahezu alle kennzeichnen es aber als spirituelles Trance-Erlebnis.«

»Was geschieht dabei?«

»Der willentliche Einfluss auf den Körper durch das Denken, die Selbstkontrolle, ist aufgehoben und unbewusste Inhalte werden bewusst.«

»Und wie muss ich mir den eigentlichen Nutzen vorstellen?«

»Die Effekte können zahlreich sein: Traumata lösen sich auf, vorgeburtliche Blockaden verschwinden, tabuisierte Erlebnisse werden emotional zugänglich und vieles mehr. Die Wirkung hängt sehr von der individuellen Bereitschaft zur Selbsterfahrung ab. Möchtest du dich auf diese Erfahrung einlassen?« George sieht Catherine an, sie nickt.

»Möchtest du?«

»Ja!«

George bittet sie, sich entspannt auf die Bodenmatte zu legen und leitet sie in der Atemtechnik an. Catherine folgt seinen Anweisungen, die Intensität ihres Ein- und Ausatmens nimmt eine ganze Weile kontinuierlich zu, sie beachtet ihr Umfeld nicht mehr und die Heftigkeit ihres Atmens beansprucht den ganzen Körper. Ihr Bewusstsein verlässt Raum und Zeit und geht ganz eigene Wege, trägt sie schwerelos in eine andere Welt. Minuten lang bleibt sie in dieser Phase, bis George sie mit ruhigen Worten ins Wach-Bewusstsein zurückholt, ihr Atem wieder ruhiger und flacher wird.

»Erst habe ich gar nichts gemerkt und dachte, es passiert ja gar nichts, und dann dachte ich irgendwann nur noch: Ich verliere ja alle meine Gedanken, und irgendwie war dann das Denken weg, und ich war hoch in den Lüften wie ein Vogel – schwerelos! Sehr hoch, sehr hoch! Die Luft oder die Atmosphäre oder was auch immer hat mich getragen – in jede Richtung, ich bin gekreist, konnte alles unter mir ganz deutlich sehen, sehr viel Wasser, Meere! Ich wollte gar nicht wieder auf die Erde zurück!

Ich fühle mich jetzt immer noch schwerelos! Ich hatte gar keine Angst, egal wohin ich mich wandte! Alles ist möglich! Wunderbar!«

»Du hast dich frei gefühlt, du hast dich frei gemacht.« George wendet sich ihr zu. »Vielleicht denkst du mal darüber nach, was dich hier und heute unfrei macht und ob du das nicht auch inzwischen hinter dir lassen kannst!?« empfiehlt er.

Sie strahlt und schaut sich im Kreis um, Teilnehmende nicken ihr zu, bestätigen sie, lächeln und freuen sich mit ihr.

»Wer weiß, wo du hinfliegen wirst!« sagt George noch lachend, beendet die Sitzung mit ihr und leitet die Abschiedsrunde mit allen Teilnehmenden ein.

Catherine ist vollends zufrieden und überwältigt von ihrem Erlebnis. Sie fühlt sich mutig und entschlussfreudig. George hat gesagt, sie soll etwas hinter sich lassen, in der Trance hat sie sich frei gefühlt, nun soll sie sich frei machen, in ihrem tatsächlichen Leben etwas hinter sich lassen. Das wird sie tun! Sie weiß auch schon was! George ist ein Geschenk des Himmels. Nichts Besseres konnte ihr passieren! Sie fühlt sich ihm sehr nahe, er begegnet ihr so warmherzig und ermunternd, wie sie selten einen Mann erlebt hat. Catherine macht sich im reinen Glücksgefühl auf den Heimweg.

Die nächsten Tage vergehen wie im Rausch. Sie wird ihre Zelte in Deutschland abbrechen, sie wird Deutschland hinter sich lassen, hier hält sie doch niemand wirklich – sie wird ihren Neuanfang in Kalifornien starten! Im Seminar hat sie gespürt, wie stark es sie dorthin zieht, sie es zu George zieht; wie überfällig die Entscheidung ist, Deutschland zu verlassen, wie alles hier sie nur depressiver werden lässt, ihre Aufbruchstimmung duldet keine Verzögerung. Sie lässt George eine kurze Mitteilung zukommen, die besagt, dass sie seine Empfehlung, alles hinter sich zu lassen, wahrmachen wird und ihm ein genaues Ankunftsdatum alsbald mitteilen wird. In wenigen Wochen hat sie ihr Touristenvisum erhalten, ihr Apartment gekündigt, zwei Drittel ihres Hab und Gutes in einer Spedition deponiert und George zwischendurch voll Freude wissen lassen, was sie alles schon für ihre Abreise erledigt hat. Er möchte wissen, was sie in Kalifornien plant und ob sie schon Vorbereitungen für ihre Zeit dort getroffen hat. Ihre Antwort ist eher vage, und verklausuliert lässt sie ihn wissen, dass sie ihn damit überraschen will. Zuletzt kündigt sie ihm ihren definitiven Flug und die Ankunftszeit an mit der Bitte, sie am Flughafen abzuholen.

Es ist ein Dienstagnachmittag als sie in San Francisco landet. George erwartet sie hinter der Passkontrolle, tritt etwas zögerlich auf sie zu, freut sich aber, sie zu sehen.

»Wo soll ich dich hinfahren?« fragt er ziemlich bald, nachdem sie ihre beiden Koffer in Empfang genommen haben und zum Auto gegangen sind.

»Ich dachte, ich könnte bei dir bleiben?!« Sie sieht ihn mit strahlenden Augen an.

»Bei mir?«

»Ja, dein Satz zum Abschied des Seminars war so überzeugend, und du hast mich so einladend, so warmherzig angesehen, ich musste nicht lang überlegen!«

»Mein Satz zum Abschied?«

»Ja, als du sagtest: Wer weiß, wo du hinfliegst! Und deine Augen haben gesagt: komm zu mir!«

»Catherine, ich bin sehr sicher, dass ich wirklich nur gesagt habe: Wer weiß, wo du hinfliegst und es auch so gemeint habe!«

Schweigen. Die hilflose Stille wird nur begleitet vom leisen Surren des warmgelaufenen Motors. George setzt rückwärts aus der Parklücke raus, überquert den Parkplatz, und sie verlassen das Flughafengelände.

»Gut, wir fahren erstmal zu mir!« George sieht sie prüfend von der Seite an.

»Danke« Catherine flüstert fast. »Du hast mich gar nicht wirklich erwartet? Oder?«

»In der Tat, habe ich nicht, nicht persönlich!«

Catherine ist entsetzt. Wie hat ihr das passieren können? Sie hatte das Gefühl, jeglicher Boden rutsche ihr unter den Füßen weg. Sie fröstelt plötzlich, spürt aber den Schweiß auf der Stirn. Gerade noch hat Mose das Wasser für sie geteilt und schon schlägt es über ihr zusammen. Ihr Mut platzt weg wie eine Seifenblase, ihre Freude erlischt wie ein letzter Funken Feuer, und wie ein Häufchen Asche fühlt sich ihr Körper an. Kalte Panik hat von ihr Besitz ergriffen. Nie zuvor ist sie in ein solch tiefes Loch gefallen.

Die Fahrt verläuft fast ohne ein Wort. Ein Gedanke jagt den anderen, klar denken kann sie nicht. Knapp zwei Stunden geht es den Highway entlang, kleine Ortschaften wechseln sich mit flachem, bräunlichem Weideland und sanften Hügelketten ab. Sie ringt um ihre Fassung, sie muss sich Goerge erklären, sie braucht eine Perspektive, einen Plan. Keinesfalls will sie zurück nach Deutschland. Wie soll sie es zu Hause erklären? Sie hat sich furchtbar getäuscht, leichtsinnig Pläne gemacht, ist naiv ihrem Wunschdenken gefolgt. Sie kann es sich kaum verzeihen, so furchtbar schämt sie sich.

George biegt vom Highway ab und verlangsamt die Geschwindigkeit. Catherine blickt aus dem Fenster und sieht das trockene, dürre Land ringsum. Wie lange es wohl schon nicht mehr geregnet hat? Irgendwo am Horizont vermutet sie das Meer, aber erst als sie Monterey erreichen, ist es zum Greifen nah. Etwas außerhalb der Stadt führt eine schmale Straße leicht bergan und bald schon biegt George in eine mit Schotter ausgelegte Auffahrt ein und hält vor einem niedrigen weißen Bungalow.

»Here we are! You like some coffee?«

Er lächelt Catherine an, animiert sie zum Aussteigen, nimmt ihre Koffer, führt sie durch eine große Verandatür ins Haus, bittet sie, Platz zu nehmen.

Die ganze Fahrt lang hat sie überlegt, wie sie diese Situation, die an Peinlichkeit und Enttäuschung nicht zu übertreffen ist, meistern könnte. Sie fürchtet sich vor Georges Ablehnung, wieder beschleicht sie die altbekannte Hilflosigkeit, dieses lähmende Gefühl, nicht zu wissen, was sie tun, wie es weitergehen soll und was zu entscheiden wäre. Sie nimmt all ihren verbliebenen Mut zusammen und tritt die Flucht nach vorn an.

»George, wirst du mir helfen hier Fuß zu fassen? Bitte?«

Er zögert, nach einer Weile erst antwortet er.

»Vorübergehend kannst du hier wohnen. Du gehst mit mir keine Lebensgemeinschaft und auch keine Partnerschaft und keine Liebesbeziehung ein, wenn du hier vorübergehend wohnst, verstehst du das?«

Catherine nickt. Sie ist froh, dass sie bleiben darf. Sie spürt verschiedene Aushilfsjobs auf. Gelegentlich unterstützt sie George bei seinen Seminaren. Nach geraumer Zeit ist Catherine so weit, dass sie gern eigenverantwortlicher arbeiten würde. Als sie ihre vagen Pläne kundtut, ist George nicht überrascht.

»Schreib dich hier in einer Universität ein, du brauchst wahrscheinlich nur ein Visum für ein Auslandsstudium, kein Arbeitsvisum. Mach ein paar Fortbildungen und einen amerikanischen Abschluss. Du hast deine Aushilfsjobs und sollte es knapp werden, kann ich dir ein kleines Darlehn geben.«

»George, das ist ja toll, so habe ich überhaupt nicht gedacht! Du bist unglaublich! Tausend Dank! Super Idee!« Catherine überschlägt sich vor Freude und Erleichterung.

»Ich bin noch nicht fertig« stoppt George sie in ihrem Übermut. »Ich erwarte, dass du dir ein eigenes Apartment suchst und mich auch nicht mehr in der Arbeit unterstützt. Ich möchte, dass wir getrennte Wege gehen.«

Das ist eine Hiobsbotschaft. So deutlich hat sie es nicht kommen sehen. Ein Lebensgefährte wird er nicht sein, auch nicht ihr beruflicher Partner. Das schmerzt nach wie vor. Der Traum ist endgültig ausgeträumt. Sie muss es tatsächlich allein schaffen. Aber alles ist besser, als unverrichteter Dinge nach Deutschland zurückzukehren.

Sie erinnert sich an ein Ereignis aus ihrer Schulzeit. Sie war sieben oder acht Jahre alt, als sie mit der Klasse zum Schwimmunterricht war und jedes Mal Angst vor dem Lehrer, den Mitschülern und dem Wasser hatte. Und so sehr sie sich mühte, das Schwimmen wollte nicht gelingen, immer wieder suchte sie, mit den Füßen am Boden zu stehen. Eines Tages nahm der Lehrer sie mit an die andere Seite des Beckens, gab ihr einen leichten Schubs und sie landete im tiefen Teil, wo ihre Füße vergeblich den Boden suchten. Es waren nur wenige Schrecksekunden, aus dem wilden Strampeln wurden schnell richtige Schwimmzüge, sie rang unruhig nach Luft, aber sie kam tatsächlich vorwärts, ging nicht unter und wie stolz war sie, es geschafft zu haben! Sie erinnert sich genau, wie knapp damals der Übergang von nicht schwimmen können zu schwimmen können gewesen war und wie im Bruchteil von Sekunden die Angst dem Glücksgefühl gewichen war. Und sie erinnert sich an den letzten Satz ihres Lehrers: »Du kannst mehr als du dir zutraust!«

Vielleicht ist Kalifornien mein neues Schwimmbecken, denkt sie noch, ich bin schon mittendrin: im neuen Lebensraum, im neuen Kulturkreis, in einer neuen beruflichen Perspektive, in meinem Start-up! Und sie ist ein wenig überrascht, dass es sich auf einmal so gut anfühlt.

14. Lydia

Im Winter

Es ist ein feuchter Januarmorgen, als ich mich mit Lydia wieder einmal im nahegelegenen Bistro zum späten Frühstück treffe. Schon während der telefonischen Verabredung hatte sie eine Sensation angekündigt. Ich bin gespannt, was es Neues gibt. Wir haben uns kaum niedergelassen, da platzt es schon aus ihr heraus.

»Stell dir vor, mein Mann betrügt mich seit mindestens fünfzehn Jahren! Offenbar mit ein und derselben Frau.«

Noch ehe ich mein Erstaunen in Worte fassen kann, fährt sie fort.

»Ein blöder Zufall: Ich suche nach einer Telefonnummer eines unserer Freunde, denke, die finde ich sicher im Handy meines Mannes, finde ich auch, aber gleichzeitig auch E-Mails einer mir fremden Frau. Eindeutige E-Mails, die unschwer auf eine jahrelange Beziehung schließen lassen!« Fassungslos und zutiefst verletzt schaut sie mich fast flehend an. »Wie konnte er nur?« und verstummt.

Ich bin sprachlos, schockiert und noch ungläubig gehe ich auf sie ein, unsicher, ob sie schon ihren Anteil am Geschehen reflektiert.

»Und wie geht es dir jetzt?«

Sie hört meine Frage nicht, fährt unbeirrt fort, fügt Erinnerung an Erinnerung: Situationen der letzten Jahre, Auffälligkeiten und Irritationen ihrer Zweisamkeit, verschwommene Bilder der Vergangenheit, markante Dialogfetzen ihrer ehelichen Kultur – ein buntes Kaleidoskop ihrer zwanzigjährigen Ehe.

Sie hat den leeren Blick eines erschöpften Gemütes, das sich oft angestrengt, aber wenig gefreut hat. Ihre Masken fallen eine nach der anderen ab, die zufriedene Ehefrau, die Überlegene, die Kluge, die Coole, die Ausgeglichene. Die gepflegte Oberfläche ihrer konventionellen Saturiertheit zeigt tiefe Risse. Sein Betrug erlaubt ihr die ungeschminkte Kritik an seiner Person und sie erlaubt sich, ihn in einem kalten Licht zu sehen. Nichts anderes geht jetzt.

Während das leuchtende Blau ihres Kleides einen herausfordernden Kontrast zur Blässe ihrer Haut bildet, reflektieren die etwas matten Wandspiegel unserer Umgebung verschwommen ihre eingesunkene Gestalt.

Nach einer Weile seufzt sie erschöpft, richtet ihren Blick auf den vergessenen weihnachtlichen Lichterschmuck in den kahlen Bäumen vorm Bistro.

»Was habe ich in den Jahren übersehen?« Wehmut klingt aus ihrer Stimme; sie lehnt sich zurück, ihre Augenbrauen heben sich leicht und ihr suchender Blick gilt mir.

»Du hast nichts übersehen, du hast es nur nicht für möglich gehalten.«

Lydia setzt ihre Analyse fort, selbstkritisch reflektiert sie weitere Ereignisse der letzten Jahre, interpretiert frühere Erfahrungen mit ihm neu. Der Strom der Erinnerungen überflutet sie. Die schmerzhafte Kränkung geht tief, Entsetzen trübt ihren Blick auf Vergangenes; sie versucht Bilanz zu ziehen, noch sieht es nicht gut für sie aus.

»Was hatte ich an Möglichkeiten! Singapur, New York, Shanghai, San Francisco! Überall hätte ich meine Abenteuer finden können.« Ihre Stimme wird schärfer. »Nie habe ich es genutzt, in mein Wertesystem hat es nicht gepasst. Wirklich nicht!« Ihre Lautstärke erreicht den Nachbartisch.

Sein Betrug vergiftet, schwächt, schmerzt sie über alle Massen. Bitternis ob der eigenen Blindheit, unentschuldbar ihre jahrelange Arglosigkeit, scheint ihr jede Rache fern und keine Erklärung plausibel.

»Ich darf nicht darüber nachdenken!« Sie nimmt den Faden wieder auf, und ihre Stimme klingt, als wolle sie eine Last abwerfen. »Ich bin nur die Altersversicherung gewesen! Sehr bequem! Und Liebe? Was ist damit?« Ihre Entrüstung ist auch ihre Wut. Sie hat sich in ihm getäuscht und das unvorstellbar gründlich. Noch verzeiht sie es sich nicht, dass sie jahrelang nichts gemerkt hat, noch ist er der Schuldige.

»Er möchte eine Chance!« ruft es aus ihr heraus. »Jetzt wo doch alles offen liegt, die Heimlichkeiten sind keine Heimlichkeiten mehr, jeder kann doch zu seinem Recht kommen, meint er!«

Unmerklich beben ihre Mundwinkel, als sie spricht, liegen Empörung und Ungläubigkeit in ihrem Ton. »Er ist sich keiner Schuld bewusst!« Sie ist spürbar entrüstet, ihr Atem geht schnell. »Mir habe ja in all den Jahren nichts gefehlt! Mir nichts gefehlt! Und ob mir was gefehlt hat! Aber so ist das eben, wenn man lange zusammen ist, habe ich gedacht.«

Ihre Pause nutze ich.

»Wenn du deine Ansprüche und Erwartungen so reduziert hast, was war denn dann für dich geblieben?«

Ihre Atemzüge sind gedehnt, die Augen verengen sich, die Muskulatur der Wangen tritt straff hervor, und indem sie an mir vorbeischaut, sagt sie nur: »Nicht viel!« Und schweigt. Ich auch.

Sie winkt mit leichter Hand dem Ober, der sich zögerlich nähert, und bestellt einen weiteren Tee.

»Du auch?«

»Ja gern!«

»Häufig genug bin ich interessanten Männern begegnet. Gern habe ich es kurz gemacht: Ich heiße Lydia, bin erfolgreich, auch glücklich verheiratet und habe dabei gelacht! Gelacht! Heute denke ich, wie blöd war ich!«

Der Ober bringt den frischen Tee, feine Kekse und saubere Tassen. Der Tee zieht noch wenige Minuten.

»Ja und nun,« sage ich, »was kehrt zurück? Spürst du deine Bedürftigkeit? Wessen oder was bedarfst du wirklich?

Jenseits aller Standards und Konventionen? Spürst du einen Nachholbedarf? Oder hast du Rachegelüste? Oder überkommen dich Zerstörungsattacken?«

Ratloses Stirnrunzeln.

»Ich weiß es nicht. Bin leer, ein Gefühl, als wäre ich nur Luft, nur Luft. Aber stell dir vor, alle Freunde halten zu mir, ganz eindeutig!« Triumphierend schaut sie mich an, und der Anflug eines Lächelns spielt um ihre Lippen.

Noch eine Weile pendeln ihre Erinnerungen durch die vielen Ehejahre und verfangen sich immer wieder in Gefühlen von Ohnmacht und Wut. Ein paar Stunden sind vergangen, als sie zum Aufbruch drängt.

Sie wendet sich dem Ober zu und bezahlt unsere Getränke. Schon nimmt sie ihren Mantel, wir verlassen das Bistro.

Draußen, einander zugewandt, sagt sie mit einem sanften Lächeln und dem leeren Blick aus geröteten Augen: Es ist immer gut, dich zu sehen.

Ihr Kleid raschelt, als wir uns zum Abschied umarmen. Länger hören wir nichts voneinander.

Im Vorfrühling

Ihn kannte ich nur vom Hörensagen, und nachdem er ein paar Mal angerufen hatte, willigte ich schließlich in ein persönliches Treffen ein. Er hatte nicht lockergelassen – wie ein Terrier, dachte ich.

Es ist ein Samstagmorgen, er verspätet sich, ich sitze bereits im *Café Jasmin*. Auf mich zukommend bestellt er sich noch schnell am Tresen einen Espresso und nimmt mir gegenüber Platz. Er ist schlank, in den späten 60ern, mit ernstem, aber freundlichem Ausdruck, in seinem Gestus liegt etwas Verbindliches, er schaut mich unverwandt an, fast lauernd. Ohne sich mit Floskeln aufzuhalten, schießt er los.

»Ich schätze meine Frau sehr, das müssen Sie wissen.« Seine Stimme hat etwas Diktatorisches und als er weiterspricht, klingt Bewunderung an. »Lydia ist eine überlegen rationale, intelligente Frau in ständiger Selbstkontrolle und sehr erfolgreich, erfolgreicher als ich. Aber das wissen Sie ja wahrscheinlich längst.«

Ich nicke. Indem ich schweige, fährt er fort.

»Sie hat mich immer mit ihrem sicheren Urteil beeindruckt und wenn sie ihre Überlegenheit demonstrieren konnte, schien sie besonders zufrieden zu sein.«

Er lässt sich mehr anerkennend als vage über ihre Persönlichkeit aus, weist auf ihren seiner Meinung nach engen Moralbegriff hin, belächelt ihre aus seiner Sicht naiven Ehevorstellungen. Nach einer Weile scheint er alles ihn Bedrängende losgeworden zu sein. Er hat das Bild einer von ihm nicht geliebten Frau entworfen und als er schweigt, gibt es mir die Gelegenheit, auf den Punkt zu kommen.

»Und welche Erwartung haben Sie an mich?«

»Ich möchte wissen, wie Sie über mein Verhalten denken, nein, eigentlich möchte ich, dass Sie auch mich verstehen. Ich vermute, dass Lydia nur über mich herzieht, mich in einem schlechten Licht dastehen lässt, sie ist die Gute und ich bin der Schlimme; aber so einfach ist das nicht.«

»Sondern?«

»So eine Konstellation zu Dritt ist doch heute – nicht nur heute – ein häufiges Arrangement. Man versucht doch immer zu kompensieren, was der andere einem schuldig bleibt, ohne seinen Schwächen zu nahe zu kommen. Da muss man doch nicht drüber reden, das versteht sich doch von selbst. Wissen Sie, mit meiner anderen Partnerin habe ich eine sinnliche Resonanz, das ist doch etwas ganz anderes! Verstehen Sie? Und die Dame ist nicht 20 Jahre jünger, falls Sie das glauben sollten!«

»Nun, ihre Frau hat geglaubt, dass Sie ihr treu sind. Sie fühlt sich über Jahre getäuscht.«

Er reagiert sichtlich gereizt.

»Aber ich bitte Sie, wo lebt sie denn!? Sie bekommt doch mit, was links und rechts so läuft. Warum sollte das bei uns denn anders sein? Ausgerechnet bei uns? Dass sie aus allen Wolken fällt, hätte ich nie gedacht. Und dann dieses emotionale Theater – das passt doch gar nicht zu ihr!«

Eine Antwort erwartet er nicht.

»Wissen sie, wenn ich natürliche Bedürfnisse verspüre, dann möchte ich denen auch nachgehen. Das ist das

Selbstverständlichste auf der Welt, für jeden. Früher ist mir mal ein Satz eines Philosophen begegnet: *Unter Liebe verstehe ich nicht mehr und nicht weniger als das Handlungsmotiv, bei dem man den Anderen in seinem Lebensrecht anerkennt.* Mich den Menschen zuwenden, die für mich wichtig sind, ist mein Lebensrecht! Und wenn eine zweite Frau dazugehört, dann gehört sie eben dazu. Lydia hätte niemals zugestimmt. Ich konnte das gar nicht offen machen. Ich habe es aus Zuneigung zu meiner Frau unerwähnt gelassen. Ihr hat in all den Jahren doch nichts gefehlt, sonst hätte sie ja was gesagt, schüchtern ist sie nämlich nicht.«

Es klingt abschließend. Seine Gesten deuten den Aufbruch an.

»Ich wollte mich ein wenig ins rechte Licht setzen. Ein schwacher Versuch, ich weiß. Wahrscheinlich ticken Frauen anders. Bitte denken Sie aber nicht zu schlecht von mir. Ich habe in bester Absicht gehandelt, meine Ehe war wertvoll, Lydia ist eine starke Frau, ich habe sie nie etwas anderes spüren lassen. Und danke, dass Sie mich angehört haben.«

Nach den letzten Worten schiebt er seinen Sessel zurück, steht auf, verabschiedet sich, begleicht die Getränke am Tresen und verlässt das Café. Ich bleibe noch ein paar Augenblicke sitzen.

Im Frühling

Ich entdecke Lydia vor mir im Pulk der Kinobesucher, die nach dem Ende der Vorstellung wieder ins Freie streben. Es nieselt leicht und dämmert bereits. Sie bleibt vor einem Schaufenster stehen und beachtet die Auslagen. Ich nähere mich ihr von der Seite.

»Hallo Lydia!«

Ein überraschter Blick trifft mich, und nach einer kurzen Pause sagt sie einladend:

»Hi, schön dich zu sehen! Lust auf ein Glas Wein? Vielleicht einen Rioja? Gleich nebenan ist ein spanisches Restaurant!«

Der Kellner führt uns zu einem kleinen Ecktisch am Ende der Fensterfront. Es ist wenig Betrieb, andere Kellner stehen am Tresen und unterhalten sich.

»Du siehst gut aus!« sage ich. Sie nickt zustimmend, schmunzelt, zündet sich eine Zigarette an. »Du rauchst ja nicht, oder?« Ich verneine.

»Wie gut geht es dir?« frage ich, nicht sicher, ob die Trennung vom betrügerischen Ehemann vollzogen ist und der Schmerz über den Betrug in den Nachwehen liegt.

»Gut genug, inzwischen«.

»Wie kommt's?«

»Ja, heute kann ich es kurz machen, auch wenn ich länger gebraucht habe, es zu kapieren: Ich habe nach meinem

Anteil am Geschehen geforscht und ihn gefunden: Ich habe geglaubt, ich kenne ihn, ich habe geglaubt, wir hätten die gleichen Werte, ich habe geglaubt, er sei ein treuer Ehemann, ich habe geglaubt, alles Wesentliche von ihm und über ihn zu wissen, ich habe geglaubt, ich könne ihm vertrauen. Ich habe viel geglaubt aber nichts gewusst. Was ich geglaubt habe, hielt ich für Fakten. Ich habe mich getäuscht, indem ich für selbstverständlich hielt, was nur reine Annahmen waren – keine Tatsachen! Ich habe mein Bild von ihm einfach nie in Frage gestellt. Was meinem Bild von ihm nicht entsprach, das schlechte Verhältnis zu seinem Sohn, das Scheitern seiner ersten Ehe, sein Rauswurf aus dem Konzern, die Verantwortungslosigkeit seiner Mutter gegenüber, all das habe ich viel zu oberflächlich zur Kenntnis genommen und weil es irgendwie nicht in mein Bild von ihm passte, letztlich ignoriert. Anfangs war ich gefesselt von seiner Musikalität, auch seiner Gewandtheit im Gespräch, seinem scharfen Intellekt, er konnte höflich und sehr freundlich sein, überaus charmant, nie ein lautes Wort, immer ausgleichend. Ich dachte, ich kenne ihn.«

»Und nun?« frage ich. Aber sie fährt unbeirrt fort.

»Ich bin von falschen Voraussetzungen ausgegangen. Und es kommt noch etwas hinzu: Ja, sein Egoismus ist gewaltig, aber meine Selbstgefälligkeit hat mir den Blick verstellt. Ich bin froh, mir ist wirklich ein Licht aufgegangen – zugegeben teuer bezahlt – aber ich kenne jetzt den Unterschied zwischen etwas zu wissen und zu glauben, etwas zu wissen. Es erleichtert mich, diese Klarheit zu haben, sie schützt mich vor weiteren Irrtümern solcher Art. Das ist doch was, oder?«

Es klingt, als sei sie stolz auf diese Erkenntnis, etwas Selbstironie mag auch mitschwingen. Sie lächelt mich an; ihr Blick ist entspannt und wohlwollend, als sie die Speisekarte ordert.

»Und nun, was wollen wir essen?«

15. Der rabenschwarze Rucksack

Ihre geschminkten Lippen fallen auf. Die Tage in Venedig waren wie ein Komet am nachtblauen Himmel – viel zu schnell vergangen. Während sie wartend am Transportband stehen, um ihre Koffer in Empfang zu nehmen, wirft Theo bewundernde Blicke auf Iris. In ihrem plissierten Sommerkleid und dem jungenhaft geschnittenen Haar bewegt sie sich elegant und unbeschwert und schenkt ihm ihr verwirrendes Lächeln.

Nach Jahren sind sie sich zufällig wiederbegegnet. Theos Zeit war geprägt von familiären und beruflichen Anstrengungen. Seine Werbeagentur hielt sich in einem Auf und Ab; seine Ehe hatte nicht gehalten und war kinderlos geblieben.

Iris hatte – aus der Provinz in die rheinische Großstadt kommend – zu einem Leben als Ehefrau eines Arztes, Mutter und Lehrerin gefunden. Aber auch diese Ehe war schnell in die Brüche gegangen.

Hier, neben dem Transportband, gilt ihre ganze Aufmerksamkeit Theo, und sie spürt ein ganz besonderes Glück – die Erleichterung, diesem Mann nach Jahren noch einmal begegnet zu sein und ihn für sich gewonnen zu haben. Es ist vereinbart, die über Theos Eigentumswohnung gelegenen Räume zu erwerben und eine häusliche Gemeinschaft zu bilden.

Sie setzen ihre Pläne zügig um, teilen die Verantwortung für den Haushalt, planen Urlaube. Eine vordergründig partnerschaftliche Beziehung; gelegentliche Dissonanzen werden schnell überwunden, die erotische Anziehung trägt.

Im Zuge eines nahenden Sommers tauchen vor Iris innerem Auge Bilder der Provence auf. Lange schon möchte sie dorthin – und jetzt mit ihm – Schöneres kann sie sich nicht vorstellen.

»Im Internet habe ich mir schon einige Häuser in der Provence angesehen. Wir sollten bald reservieren, sonst sind die besten weg!« Sie hat Sorge, dass sie zu spät dran sein könnten.

»Wieso in der Provence? Wir hatten doch über Dänemark gesprochen?« Er ist erstaunt.

»Gesprochen ja, aber doch nicht entschieden. Ich dachte, dir ist beides recht!«

»Keinesfalls will ich in die Provence!«

»Aber du warst doch noch nie dort!«

»Immer noch kein Grund hin zu müssen!«

»Aber auch kein Grund, nicht dorthin zu fahren!«

»Meine Liebe, logisch ist das nicht!«

»Es geht ja auch nicht um Logik, sondern darum, was ich mir sehnlichst wünsche, und das ist die Provence!« Leicht trotzig kontert sie und hofft auf ein Gentlemen's Agreement.

»Ich kann gar nicht in die Provence reisen, ich vertrage die Sommerhitze dort einfach nicht. Das muss ich gar nicht ausprobieren.« Sagt's und wendet sich ab.

Das Energiefeld zwischen ihnen wird zunehmend störanfälliger. Iris bleibt ein übler Nachgeschmack. So folgenschwer sind ihre Meinungsverschiedenheiten bisher selten aufeinandergeprallt. Eigentlich denkt er meistens nur an sich, sinniert sie und erinnert so manche Situation, in der sie sich unterlegen – vielleicht sogar abgehängt fühlte. Nie wird deutlich, worum sie eigentlich ringen.

In dieser Nacht sieht sie zum ersten Mal den rabenschwarzen Rucksack. Sie ist auf einem schmalen Pfad in die Berge, als er plötzlich vor ihr liegt, sie ihn fast übersehen hätte und ins Taumeln gerät, sich aber auffangen kann und den Rucksack schultert. Am Morgen hat sie den Traum vergessen.

Im Laufe der Zeit wandelt sich Iris' und Theos Zusammensein in eine Arena von Zwistigkeiten. Sie fühlt sich häufig hilflos, von einer bitteren Spannung erfasst, wird umso verletzender und scheint Theo doch nicht zu erreichen. Bei ihm nehmen Auffälligkeiten zu. Sie sind zum Kino verabredet, er verpasst den Termin. Sie hat Freunde eingeladen, deren Besuch ihn stört, sie ist genervt von Konzertbesuchen, bei denen er einschläft; sie maßregelt ihn, wenn er den Einkauf vergisst.

Als ein Paukenschlag in die inzwischen von Reibereien und Missverständnissen häufiger geprägte Partnerschaft fährt, wird es brenzlig: Er braucht eine sehr stattliche

Summe und zwar sofort. Sie ist erschrocken; damit hat sie nicht gerechnet. Er kann auch nicht erklären, wie es zu diesem Engpass kommt, warum er nicht konsequent seine Außenstände eintreibt, die den Mangel verursachen. Aus verschiedenen privaten Quellen kommt schließlich das Geld zusammen, zu dem Iris einen wesentlichen Teil beiträgt. Der Schrecken ist fürs Erste gebannt, doch ihr bleibt ein nagendes Unbehagen, sie beginnt zunehmend schlechter zu schlafen, häufiger taucht nun der rabenschwarze Rucksack in ihren Nächten auf. Mal versperrt er ihr den Weg, indem er sich aufbläht, mal schultert sie ihn – kann sich aber nicht mehr fortbewegen, mal ist er so schwer, dass er ihren Rücken wund drückt. Tagsüber flüchten die Traumerlebnisse, Iris spürt aber, dass ihre Lebensfreude abnimmt.

Je länger Theo und Iris zusammen sind, desto nuancierter bringen sie ihre jeweiligen Interessen und Ansichten zum Ausdruck und desto unmissverständlicher führt dies zu kontroversen Positionen. Theo stellt sich häufig stur, sie hält ihn für unflexibel, er nimmt manches nicht so genau, sie wirft ihm Nachlässigkeit vor, er hält gemeinsame Verabredungen nicht ein – sie beschimpft ihn des Desinteresses.

Theos finanzielle Situation verschärft sich bis hin zur Insolvenz. Alle Rettungsversuche scheitern. Depressive Verstimmungen kennzeichnen beider Situation. Als es im Freundeskreis angesagt ist, sich auf Demenz testen zu lassen, machen sie aus Neugier mit.

Sein Ergebnis ist dramatisch. Eine demenzielle Belastungsstörung wird diagnostiziert. Die Beeinträchtigung sei über die letzten Jahre schleichend verlaufen, zunächst kaum merklich, letztlich unübersehbar, heißt es. In Theos Leben wird es Nacht. Bald tritt Pflegebedürftigkeit ein, die begleitende Hilfe wird organisiert, zuletzt folgt der Heimaufenthalt. Die Tage sind gezählt. Die Urnenbeisetzung erfolgt still, im Kreise von wenigen.

Für Iris ist die Welt eine andere geworden. Sie fühlt sich müde, leer, traurig. Wie anders hatte sie sich lange Zeit ihr Älterwerden vorgestellt! Theos Diagnose hatte sie hart getroffen. Wann hätte sie spüren müssen, dass er dabei war, sich selbst zu verlieren? Wie hätte sie die Anzeichen der Krankheit erkennen können? Warum war sie nur so blind gewesen? Schuldgefühle und Selbstanklagen quälen sie in loser Folge bei dem Versuch, sich die Zusammenhänge zu erklären. Wie oft hatte sie ihm Unrecht getan! Wie nutzlos hatten ihre Vorwürfe bleiben müssen!

Für Iris beginnt eine Zeit der Tränen, der Trauer und des langsamen Begreifens.

Theos Habseligkeiten gehen an die Kinder, Bücher an Freunde, Garderobe an die Caritas. Als die letzten Kartons abgeholt werden, öffnet Iris die Fenster. Es ist ein lauer Septemberabend, milde Luft strömt durch die Räume und hinterlässt den schmeichelnden Duft des Spätsommers. Als sie zu Bett geht, schläft sie gleich ein.

In dieser Nacht sieht Iris den rabenschwarzen Rucksack ein letztes Mal. Er liegt vor ihrer Wohnungstür, zerrissen und aufgeplatzt, und zum ersten Mal sieht sie ein heilloses Durcheinander unnützer, überflüssiger Dinge herausquellen, die sich rundum verteilen. Der Rucksack ist völlig unbrauchbar und sein Inhalt liegt weit verstreut, wie weggeworfen. Mit dem Fuß schiebt sie ihn zur Seite, auch das nutzlose Durcheinander, beachtet es nicht weiter und setzt ihren Weg im Freien fort.

Am folgenden Morgen ist der Traum noch präsent, sie fühlt sich leicht und ausgeruht. Überraschend fallen ihr frühere »Rucksack«-Träume ein und sie erinnert, wie schwer er dort mitunter war. Vielleicht hätte ich mich schon früher fragen sollen, was es mit dem Rucksack auf sich hat, denkt sie noch, dann entsorgt sie alte Fotos bis auf eines.

Als sich der Schmerz wieder kurz einschleicht, weiß sie ganz sicher, dass er sich auch wieder ausschleichen wird. Aber auf ihre Träume wird sie zukünftig mehr achten. Sie hat es nicht besser gewusst. Ihre Selbstvorwürfe gehören der Vergangenheit an; sie hadert nicht mehr mit dem, was geschehen ist, und auch nicht mit dem, was nicht geschehen ist, und macht sich auf, den nicht verborgenen Sinn ihres Schicksals zu erkunden.

Post tenebras lux. Auf die Dunkelheit folgt das Licht.

16. Um ein Haar

Wie jeden Morgen geht Paolo mit dem Hund durch das Gelände des nahen Stadtwaldes, wo sich das Tier austoben kann, Fährten aufnimmt, seinem Spieltrieb folgt und sich lustvoll frei bewegt. Währenddessen sucht Paolo seine Gedanken zu sortieren, seinen Tagesplan einigermaßen realistisch zu strukturieren, was aber, wie er weiß, nur selten gelingt. In dieser frühen Stunde kreisen seine Gedanken auch immer wieder ungewollt um eine Person, um die Frau, die sein Innerstes beherrscht, ohne es zu wollen oder es auch nur zu ahnen; um die Frau, die ihm so nah ist wie keine andere; um die Frau, die für ihn der Inbegriff aller Weiblichkeit ist.

Knapp über dreißig hat sie vor kurzem ihrem Leben einen gewagten Drall gegeben. Ihre Festanstellung in einer Bank gekündigt, schon bei einer Versicherung zuvor hatte sie sich nicht am rechten Platz gefühlt. Jetzt will sie sich ganz ihrer Leidenschaft, dem Schreiben, zuwenden, ohne der Ödnis des täglichen Bürobetriebes anheimzufallen. Er weiß, wieviel Mut es sie gekostet hat, diesen Entschluss zu fassen und alles auf diese eine Karte zu setzen.

Seit Tagen ist er ihr nicht begegnet, hat vermieden, sie in ihrem Lieblingsbistro zu treffen, wollte keinesfalls aufdringlich erscheinen oder lästig, obwohl er sich sicher ist, durchaus bei ihr willkommen zu sein. Vielleicht sogar sehr willkommen. Heute aber muss er sie sehen. Er leint den Hund wieder an und macht sich auf in die Richtung des Bistros, wo er sie um diese Zeit vermutet.

Durch die großzügige Schaufensterfront erblickt er sie an einem kleinen Tisch, offensichtlich arbeitet sie an einem Text. Seit sie das neue Laptop hat, ist sie noch eifriger dabei. Letztens hatte sie ihm berichtet, dass die Idee zu ihrem Roman schon lange existiere, und sie hat sich bei allen Selbstzweifeln auf das schwimmende Eis begeben, hemmende Verpflichtungen hinter sich gelassen, gefühlt riskiert sie den freien Fall. Nur zu gut kann er sie verstehen und weiß auch, wie sehr sie sich in der Anonymität des Bistros ungestört fühlt und wie sehr sie das braucht. Dennoch betritt er das Bistro.

»Sich über die Leere zahlreicher Worte hinwegzutäuschen ist eine Fähigkeit, von der wahrscheinlich die allermeisten Schriftsteller und ihr Publikum leben.«

Sie erschrickt, sie hatte Max weder kommen sehen noch seine Schritte wahrgenommen. Sie kennt seine ironisch-sarkastischen Bemerkungen nur zu gut und muss lachen. Er gehört zu den sehr wenigen Menschen, die um ihren Schritt, sich ganz der Schriftstellerei zu widmen, wissen; ihm konnte sie immer vertrauen. Und er bewundert sie für diesen Mut und hat sie immer darin bestätigt.

»Du hast mich erwischt!« sie strahlt ihn an.

»Du entkommst mir nicht!« Seine Antwort.

Er küsst ihre Wange, streift flüchtig ihre Lippen. Und ohne zu fragen, ob es ihr recht ist, setzt er sich zu ihr. Sein Blick geht zum Kellner, er bestellt einen Milchkaffee. Der Hund legt sich zu ihren Füßen.

Max' Begrüßungssatz trifft ziemlich genau einen neuralgischen Punkt ihrer steten Selbstzweifel. Sie erinnert sich an eine Diskussionsrunde, an der sie kürzlich teilnahm und gibt es zum Besten.

»Neulich, in einer größeren Runde – man sprach über die Definition des modernen Kunstbegriffs – meinte jemand lakonisch: Alles, was die Aufmerksamkeit eines Publikums auf sich zieht, ist Kunst! Soweit das Zitat. Klingt ziemlich simpel, bestenfalls nach einer Beuys'schen Irritation! Oder? Wem fällt eigentlich die Deutungshoheit zu?«

Mehr sich selbst als ihm stellt sie diese Frage. Er könnte ausufernd dazu referieren, wissend, belesen, meistens großzügig vorurteilsfrei. Diese speziellen Momente, in denen er ihr die Antwort vorenthält, obwohl er sie geben könnte, liebt sie. Er pflügt nicht nur ihr Denken um, er bringt es auch ins Fließen. In Gesprächen mit ihm kommt sie auf Gedanken, Ideen, Überlegungen, die sich vom Gewohnten absetzen. Er weiß, dass sie nicht belehrt werden möchte; weiß, dass sie ihn nicht um Rat fragt; weiß, dass sie sich selbst fragt, sich kritisch hinterfragt. Er trägt gern dazu bei. Er fühlt sich ins Vertrauen gezogen und anerkannt ohne liefern zu müssen. Er ist ein guter Freund. Nur ein guter Freund? Er hofft, dass das nicht die ganze Wahrheit ist. Er greift zum Milchkaffee, der ist noch etwas zu heiß, und stellt ihn wieder hin.

Er betrachtet sie. Ihre tiefblau schimmernden großen Augen, die feste, frische Haut der Wangen, ihre fein ausgeprägten sinnlichen Lippen, die in all den Jahren nichts von ihrer Verlockung eingebüßt haben. Ihr einen Antrag zu machen, hatte er immer wieder verschoben. Oft hatte er auf den richtigen Augenblick gewartet, auf den passenden Moment spekuliert, ihn aber wohl immer verpasst. Vielleicht heute? Sein Herz schlägt schneller, und er spürt den Anflug von Röte auf seinen Wangen.

Aus dem Off vernimmt er ihre Verlautbarungen über den modernen Kunstbegriff und was sie für sich in ihrer schöpferischen Arbeit daraus machen will. Sie erwähnt in weit gespannten Ausführungen die Sujets, die sie im Auge hat, schwärmt von Traditionen und neuen Medien, verweist auf präsente Arbeiten, Objekte, Ereignisse, lässt sich aus über Tod und Auferstehung, beschwört die Einheit polarer Gegensätze und staunt über schwarze Löcher, die sich dem Fassbaren entziehen. All das und noch mehr will sie literarisch verarbeiten.

Er hört es und hört es auch wieder nicht. Aufregende und durchaus tiefgehende Bindungen zu Frauen haben sein Leben entscheidend mitgeprägt; zu einer Heirat ist es nie gekommen. Mit ihr jedoch würde er sich gern fest und offiziell verbinden. Nur sagen konnte er es bisher nie. Und heute auch nicht! Der Milchkaffee hat nun die richtige Temperatur. Die geschäumte Milch schlürfend kommt er ins Gespräch zurück.

»Du wirst ein Leben lang gut von deiner schöpferischen Arbeit leben! Wie immer du es anpackst!«

Indem er es ausspricht, wird es ihm klar: Dieser Gedanke steht zwischen ihnen. Wie eine Mauer baut er sich vor ihm auf. Da ist es wieder, das, was er nicht überwinden kann – immer, wenn er sich ihr offenbaren will. Er verehrt ihr Wesen, begehrt ihren Körper, ist gefesselt von ihrer Klugheit und Vitalität. Seine Hingabe scheint uferlos. Für ihn ist sie der Inbegriff einer Frau, ohne Makel, überwältigend. In dieser Faszination fühlt er sich schwach, ohnmächtig, hilflos ihr gegenüber. Wie merkwürdig, denkt er, dass ich mich kaum mitteilen kann. Indem er sie mit unverhohlener Bewunderung in ihrer schöpferischen Arbeit bestätigt, schwindet die Nähe zu ihr. Mit der schwindenden Nähe schwindet auch der Mut, sich ihr zu offenbaren. Das Verlangen, sie zu besitzen, schreckt ihn ebenso, wie es ihn beflügelt. Um ein Haar hätte er dem Verlangen, der unerfüllten Sehnsucht, nachgegeben! In seiner Sprachlosigkeit bleibt ihm die bittere Süße des Verzichts.

Während der letzten Minuten hatte sie leidenschaftlich zu ihm über ihre Arbeit gesprochen, ihre Augen leuchten und fast ist sie außer Atem. Ihre Vitalität reißt ihn mit, inspiriert ihn und schenkt ihm Augenblicke eines märchenhaften Zaubers. Nichts soll sich daran ändern! Dankbar und froh ist er, dass es so ist wie es ist, dankbar bei ihr zu sein, hier im Bistro oder wo immer der Planet sie zusammenführt. Jede andere Form würde dahinter zurückfallen, nichts soll ihn aus diesem Schweben holen, auf immer will er in dieser köstlichen Gewissheit des Augenblicks bleiben.

Wieder einmal fühlt er sich heute der Gefahr entkommen, durch sein *Haben-Wollen* alles zu zerstören. Erich Fromm kommt ihm in den Sinn: *Haben oder Sein*, ein Buch, das ihn geprägt hat.

17. Romy und Romeo

Es war im angesagtesten Club der Stadt. Ein Sommerabend. Die Gäste standen in Trauben längs der Theke, vor der Tür rauchende Grüppchen, aus den Lautsprechern drang aktuelle Popmusik und weil es so heiß war, befanden sich nur wenige Personen auf der Tanzfläche.

Eine ganze Weile stand er mit dem Rücken zu ihr. Einen guten Kopf größer, breitschultrig mit einem langgezogenen Oberkörper, dünnem lichtem Haar und gleichmäßig ruhig einen Kaugummi kauend. Er versperrte ihr die Sicht auf die Tanzfläche und kurz bevor sie ihm auf die Schulter tippen wollte, drehte er sich halb zur Seite und sah sie an. Schwarzbraune Augen in seinem ebenmäßigen Gesicht über schmalen geschlossenen Lippen. Das angedeutete Lächeln nahm sie sehr wohl wahr. Ihr Blick wich nicht von seinen Lippen.

»Kann ich auch ein Kaugummi haben?«

Wortlos, ohne zu zögern, griff er in seine Jackentasche, holte das Päckchen hervor, bot es ihr an, sie zog einen Streifen heraus, wickelte ihn aus dem Papier und schob ihn in den Mund. Nichts weiter.

Das Clubgeschehen nahm den üblichen Verlauf. Die Musik lud mit ihren gängigen Hits beständig auf die Tanzfläche ein, bei der Hitze allerdings war die Energie der

Tänzer immer wieder schnell erschöpft. Romy verlor den Kaugummispender aus den Augen und entschied sich, das Lokal zu verlassen. Draußen wäre sie fast gegen ihn gelaufen, sah kurz zu ihm hoch in einer Mischung von Entzücken und Erschrockenheit und entschwand auf die andere Straßenseite. Sie lief einige Zeit, bis sie an einer Ampel stehen bleiben musste, und erst da bemerkte sie ihn in gebührendem Abstand schräg hinter sich.

»Haben wir etwa den gleichen Heimweg?« Sie sah ihn fragend an.

»Ich bin Romeo! Ja, wirklich, so heiße ich!« Sagte er lachend näherkommend, sie sah ihn ungläubig an. »Ich würde gern ein Stück mitgehen, darf ich?«

Sie brach in stillen Jubel aus, hatte ja schon im Club gehofft, dass er sie ansprechen würde. Ganz entspannt tauschten sie ein paar Floskeln: Gefällt es dir im Club? Was machst du denn sonst so? Wo gehst du noch gern hin? Machst du Sport? Und Musik? Recht bald waren sie auch schon in der Nähe ihres Elternhauses. Mit einem beiderseitigen »Vielleicht sieht man sich mal wieder – ja vielleicht!« trennten sie sich.

Voller Hoffnung, ihn wieder zu treffen, besuchte sie in den nächsten Wochen den Club, traf ihn aber erst an einem Wochenende im Spätsommer dort wieder an. Er kam direkt auf sie zu.

»Du warst lange nicht hier!«

»Doch, immer mal wieder!«

»Ich habe dich an keinem Wochenende gesehen!?«

»Ach so, ja, ich war nur gelegentlich in der Woche hier.«

»Und ich bin unter der Woche gar nicht in der Stadt, nur am Wochenende.«

Als er sie unvermittelt einlud, eine kleine stadtbekannte Bar aufzusuchen, um es etwas gemütlicher zu haben, willigte sie gern ein. Von nun an sahen sie sich regelmäßig. Im Freundeskreis galten sie bald als Paar und zogen wenige Monate später in eine gemeinsame Wohnung. Die erste Zeit war friedvoll, zuweilen fröhlich, sie entbehrten nichts, gingen ihren Beschäftigungen nach und lebten unbeschwert in den Tag hinein.

Ganz langsam, zunächst unmerklich, kroch der Missmut in Romy hoch, versteckte sich unter der täglichen Routine, hüllte sich in eine gewisse Trägheit, ließ sie nachts aufwachen und wandte sich zunehmend gegen Romeo. Romy fand mehr und mehr an ihm auszusetzen, machte auch entsprechende Bemerkungen, musste sich letztlich eingestehen, dass sie ihn schrecklich langweilig fand. Ihr Zusammenleben war öde, ereignislos, fade. Eines Tages bat sie ihn auszuziehen.

»Ich möchte, dass du dir eine eigene Wohnung suchst.«

Es schien ihn nicht wirklich zu überraschen, dennoch traf es ihn.

»Was habe ich dir getan?«

»Eigentlich nichts. Es geht irgendwie nicht wirklich gut mit uns.« Sie wollte ihn nicht verletzen, konnte nicht sagen, wie langweilig sie ihn fand, wie wenig inspirierend, wie wenig lebendig, wie wenig ideenreich, wie wenig nahe er ihr ist und eben wie wenig von allem, was sie eigentlich von ihm erwartete.

Freunde boten sich an zu vermitteln, Empfehlungen wurden ausgesprochen, Ratschläge erteilt. Romeo fügte sich vermeintlich widerstandslos in sein Schicksal und bezog eine eigene Wohnung in der Nähe. Eine mitfühlende Freundin schenkte ihm zwei Zwergfinken, damit er sich nicht so einsam fühlen möge.

Romy und Romeo hielten sich weiterhin gegenseitig auf dem Laufenden. Romeo erzählte ihr von potentiellen neuen Partnerinnen, sie hörte es mit Interesse und hätte es ihm gern gegönnt. Romy selbst hatte kein unmittelbares Verlangen nach einem neuen Partner, bezog bald eine Wohnung in einer anderen Stadt, in der Nähe ihrer Arbeitsstelle. Sie blieben weiter lose in Verbindung, und als er einen Sommerurlaub mit Freunden an der französischen Mittelmeerküste wahrnahm, lud er sie ein mitzufahren.

Über Jahre hatten sie auf diese Weise ein gemeinsames Leben und auch wieder nicht. Ihre Zuneigung war die wie von Geschwistern, offen, vertrauensvoll, ohne gegenseitige Ansprüche. Sie selbst vermieden es, ihre Verbindung zu definieren, waren sich aber zugetan, teilten Kümmernisse und Wünsche, Hoffnungen und Enttäuschungen.

Zu ihrem 30sten Geburtstag erschien er unangemeldet und traf auf einen ihm unbekannten Besucher. Zu dritt gelang ihnen eine gepflegte Konversation, aus der sich der Besucher alsbald ausklinkte.

In den folgenden Jahren reüssierte Romeo im Rahmen gastronomischer Aktivitäten, expandierte in mehrere Filialen und verzog an einen entfernteren Ort. Sein neues Domizil befand sich in ländlicher Idylle, und nach diversen gescheiterten Beziehungen stellte er Romy eine neue Partnerin vor. Romy gab dieser Verbindung wenig Chancen, sie hatte Romeo etwas anderes gewünscht.

Die persönlichen Kontakte zwischen Romy und Romeo blieben freundschaftlich. Romeo meldete sich, wenn er geschäftlich in der Gegend war, sie rief ihn an, wenn sie ein Lebenszeichen von ihm brauchte. Das war in der Regel der Fall, wenn sie einer ihrer Affären überdrüssig war. Im Gespräch mit ihm nahm sie kein Blatt vor den Mund, konnte ihr Herz ausschütten, spürte Romeos Zuneigung und Verständnis.

Eines Tages erreichte Romy ein Telefonanruf von Romeos Partnerin.

»Hallo Romy, leider habe ich üble Nachrichten. Romeo geht es sehr schlecht. Das Herz. Er befindet sich im Krankenhaus. Ich glaube, es täte ihm gut, wenn du dich meldest. Du warst und bist ihm immer noch wichtig. Ich weiß es und darum bitte ich dich, melde dich bei ihm!«

Mit Romeos massiver Erkrankung begann für Romy eine ungewohnte Zeit der Sorge, des Zweifels und der Nachdenklichkeit. Die kurzen Telefonate mit ihm und die eher wenigen Besuche lösten ein seelisches Beben in ihr aus, wie sie es nicht für möglich gehalten hätte. Sie hinterfragte sein Leben, ihr Leben, frühere Entscheidungen, verworfene Pläne, sie hinterfragte seine zwei Autos und Motorräder, seine Trennungen. Sie hinterfragte ihre eigenen beruflichen Ambitionen, ihre distanzierte Privatheit, ihre familiäre Ungebundenheit, ihre Kinderlosigkeit, ihr Single-Dasein.

In all den Jahren war Romeo ihr zur Selbstverständlichkeit geworden; war jemand, dessen Einfluss sanft und unauffällig war, ein Teil von ihr. Er hatte sich in ihr Leben gefügt, ohne es zu stören und war unverzichtbar geworden. Sie waren ja nie ein wirkliches Paar gewesen, dazu hatten sie anfangs viel zu sehr in den Tag gelebt, keinen Lebensentwurf verabredet, sich nicht festgelegt. Dazu bestand ja nie eine Notwendigkeit. Mit Beschämung denkt sie an die Phase ihrer frühen Trennung, warum hat sie sich denn von ihm distanziert – damals? In all den Jahren blieb er ihr doch so nah, niemandem vertraute sie so wie ihm, niemand verstand sie so gut wie er. Jetzt fürchtete sie, ihn verlieren zu können. Dieser Schrecken erreichte sie unvorbereitet und ließ sie mit einem starken Gefühl der Unzulänglichkeit zurück. Was hatte sie versäumt? Was nicht bemerkt, nicht realisiert? Wovor hatte sie die Augen verschlossen?

Monate später hatte sich das Blatt gewendet. Romeo hatte die Krankheit fürs Erste überstanden, seine Geschäfte wieder aufgenommen und heiratete die neue Partnerin. »Es hat sich so ergeben«, sagte Romeo später über seine erste und letzte Ehe.

Romy blieb all die Jahre im Bilde. Sie wusste, dass die Geschäfte nicht mehr so einfach liefen; seine Frau trotz Yoga depressiv blieb und aufhörte zu arbeiten, Romeo jeden Abend ausgedehnt Fahrrad fuhr, um müde zu werden, sein alter Freundeskreis zerstritten war, er seiner Mutter den Herzschrittmacher verheimlicht hatte, um sie nicht zu ängstigen und das neue Haus der Wunsch seiner Frau gewesen war. Romeo war in seiner freien Zeit zum Industriedesign zurückgekehrt und verkaufte seine Entwürfe recht erfolgreich. Er musste sich regelmäßig zur Kontrolle in der Uniklinik seiner Heimatstadt vorstellen und bei diesen Gelegenheiten besuchte er auch Romy. So blieben sie zeitlebens in Kontakt und sich sehr gewogen. Kurz bevor er mit 58 Jahren verstarb, feierte seine Mutter ihren achtzigsten Geburtstag. Romy nahm das zum Anlass, sie nach sehr vielen Jahren anzurufen und ihr einen Blumenstrauß zu bringen. Die Mutter freute sich sehr, Romy nach ewig langer Zeit wiederzusehen, und es entspann sich eine lange Unterredung. Gegen Ende des Gesprächs fragte die Mutter: »Warum habt ihr eigentlich nicht geheiratet?«

Romy sah sie unverwandt an.

»Er hat mich nie gefragt. Aber es war gut so, wie es war.«

Nach Romeos Beerdigung schrieb Romy seiner Mutter einen Brief. Sie könne sehr stolz auf ihren Sohn sein, er sei ihr, Romys, Vertrauter und steter Begleiter gewesen, uneingeschränkt liebe- und verständnisvoll, es habe nie einen Zwist zwischen ihnen gegeben und heute könne sie sagen, dass sie ihn sehr geliebt habe, und dass eine Ehe sicher manches zerstört hätte. Dass es sehr früh zu einer Trennung gekommen sei, habe ausschließlich an ihr gelegen. Als junge Frau habe sie ihn naiverweise für langweilig gehalten, nicht verstanden, dass die Langeweile in ihr selbst zuhause war. Das sei ihr blinder Fleck gewesen – nur einer von vielen. Sie habe Romeo für ihre Langeweile verantwortlich gemacht. Aus heutiger Sicht habe sie ihn zum Sündenbock gemacht, statt die Verantwortung für ihre Laune selbst zu übernehmen. Die Fachwelt nenne das Phänomen *Projektion*. Für seine Gefühle sei jeder wirklich selbst verantwortlich – aber das habe sie erst viel später gelernt.

Während die Mutter las, war ihr, als spräche die Briefschreiberin zu ihrem Sohn; danach legte sie den Brief in einem Schauer von Glück zu den übrigen wenigen persönlichen Sachen ihres toten Sohnes, die bei ihr verbleiben sollten.

18. Unvorstellbar schön

I.

Als sie am Abend zurückkam, hatte sich vieles geklärt. Die Katze war bei Nachbarn untergekommen, der Kredit für die Wohnung getilgt, seine Mutter war informiert, bei Tosca konnte sie vorübergehend wohnen, das Auto wollte sie ihm überlassen. Auch bei den Möbeln sollte er sich nach Bedarf bedienen.

In wenigen Tagen wird Jens ausgezogen sein, dachte sie erleichtert, ließ sich erschöpft in den weichen Sessel fallen, schaltete die Nachrichten ein und bald wieder aus. Es war so klar und eindeutig wie seit Monaten nicht: ein Ende war gesetzt. Ein Abbruch, wieder einmal. Es war ihr immer am liebsten, wenn sie schnell davonkam.

Diesmal hatte sie alles gut und ausführlich besprochen. Mit Jens, mit seiner Mutter, mit Tosca. Er hatte alles eingesehen und zugestimmt. Er hatte sogar ihren Rechtfertigungen zugestimmt. Wie entsetzlich. Aber sie hätte nichts anderes erwarten dürfen. Sie schwor sich, es nie wieder mit einem sanftmütigen, weichen, nachgiebigen Mann zu versuchen.

Welche Illusion!

II.

»Eines Tages stehen unsere Namen auf der schwarzen Granitfassade der Kunstsammlung. Ich werde dort ausstellen!« Sie strahlt Lukas an.

»Ganz sicher wirst du dort ausstellen!«

»Du glaubst wirklich?« Sie hofft, dass er es nicht ironisch meint.

»Was sollte dagegensprechen?«

»Ich habe mich noch nie zu einem so großen Ziel bekannt!«

»Dann wird es höchste Zeit.« Sein Lächeln wirkt aufmunternd.

»Denke ich auch, trotzdem zweifele ich.«

»Wieso?« Ungläubig sieht er sie an.

»Ich bin ratlos, was zu tun ist. Was muss ich wirklich leisten?«

»Finde die Idee, das Konzept, die Botschaft, von der du zutiefst überzeugt bist. Bring das in eine Form, zu der du stehen kannst. Auch gegen Anfeindungen, Besserwisser, Neider. Prüfe, ob du wirklich öffentlich sein willst. Wie willst du wahrgenommen werden, für was stehst du? Wenn du dir diese Fragen beantworten kannst, hast du alles, was du brauchst.« Lukas ist wirklich zuversichtlich, plötzlich fühlt es sich so selbstverständlich an.

»Dann ist mein nächster Schritt, die Privatheit zu verlassen«.

»Ja.«

»Wenn man in Netzwerken bekannt ist, ist man schon nicht mehr privat«.

»Ja.«

»Mich unabhängig machen vom Urteil der anderen, das ist der Punkt. Nicht mehr gefangen sein in den vordergründigen Spielen und Ablenkungsmanövern der gesellschaftlichen Gepflogenheiten. Das wär's!«

Lukas nickt zustimmend.

III.

Ihre Strategie ist die Flucht. Bisher. *Flüchten oder Standhalten.* Das war in den Siebzigern des letzten Jahrhunderts die geschätzte Publikation eines Psychoanalytikers. Inzwischen sind ethisch-moralisierende Fragestellungen dieser Art aus dem Fokus der öffentlichen Diskussion verschwunden, ideologische Diskussionen um Sterbehilfe, Rassismus und Klimawandel an ihre Stelle getreten. Auf relevante Fragestellungen hört man oft vordergründige Antworten, die dem schillernden Zeitgeist entsprechen. Das ödet sie an. Diskussionen erschöpfen sich in wiederholten Allgemeinplätzen und Dialoge in Textbausteinen. Meinungen werden durch mehrfaches Publizieren vermeintlich zu Fakten, und selten bringt jemand das

Denken ins Fließen, kaum jemand bewegt sich im Schöpferischen. Mach dich frei, denkt sie, mach dich frei! Und wenn du flüchten willst, dann flüchte! Flüchte vor was und vor wem auch immer! Aber flüchte auch wohin... flüchte ins Kreative, in die Kunst, ins Individuelle, flüchte ins Unvorstellbare!

IV.

Seit sie in der Sonntagnacht bei Lukas geblieben ist und er ihr seinen Schlüssel gegeben hat, haben sie eine stillschweigende, zeitlose Vereinbarung.

Heute ist es schon spät, das Fenster im Schlafraum weit geöffnet, sie blinzelt den Wolken entgegen, in die Weite, sucht den Horizont. Längst ist es Sommer geworden, sie weiß nicht mal mehr, wann. Täglich radelt sie flussabwärts und wieder hinauf. Modrig-warme Luft liegt über dem Fluss, der jetzt Mitte Juli erstaunlich viel Wasser führt. Geschnittenes Gras verteilt sich unregelmäßig über die leicht abfallenden Wiesen, und das Licht ist trüb von frisch gepresstem Stroh. Es ist die Zeit der frühen Ernte.

Als sie wach wird, hat sie schlecht geträumt, Horror ohne Ende. Sie spürt ihn neben sich, drängt sich an ihn, verbirgt ihren Kopf in seiner Achselhöhle und hat eine Ahnung von Ewigkeit. Sie atmet seine Haut, die Poren, seinen Duft. Lang, tief, ruhig, endlos. Noch näher rückt sie seinem Körper, ganz dicht schiebt sie sich an ihn, seinem Rücken entgegen, umarmt ihn, fasst sein Gesäß, fügt sich in seine Wärme. Es geschehen lassen.

Unvorstellbar, ihn zu verlassen, ihn zurückzulassen; unvorstellbar fortzugehen! Ohne ihn zu sein, ist ohne Poesie zu sein. Unvorstellbar!

V.

Regen der letzten Tage
hat die weißen Blüten
ausgewaschen.

Feine Zweige
mit schweren Haselnussblumen
schmeicheln
dem sperrigen Holz.

Alles geschieht
zeitgleich.
Ich begehre dich.

Aufkommender Wind
trägt Blatt und Blume
zur Ekstase.
Sperriges Holz bricht.

Feine Zweige
tanzen
in den Wolken.

Rauschend fällt
das Wasser
in den frühen Sommer.

Ich begehre dich.

VI.

Sie schiebt ihr Gesicht aus seiner Achselhöhle, auf seine Brust und auf die Schulter. Seine Haut ist weich und nachgiebig wie er: sanft, zugewandt, aufnehmend und annehmend. Hier ist sie und hier möchte sie sein und nirgends anders aufwachen.

Aufwachen.

»Im Tantra ist alles Sexualität,« sagt sie mehr zu sich selbst als zu ihm. Aber er hört ihr aufmerksam zu.

»Tantra?«

»Sexualität wird im Tantra als fundamentale Lebensenergie verstanden, die ihre ganze Kraft erst entfaltet, wenn sie nicht auf direktem Wege im biologischen Höhepunkt *allein* mündet. Es gilt, sie zu sublimieren und anderer Aktivität zuzuführen.«

»Meinst du das Elend mit der Enthaltsamkeit?«

»Nein, keineswegs. Es geht darum, immer wieder innezuhalten, die spürbare sexuelle Energie ins Bewusstsein zu holen, um so den Prozess auszudehnen und zu intensivieren.«

»Und dabei ist es nicht unbedingt ausschlaggebend, ob du allein bist, zu zweit oder zu mehreren?«

»Genau, es geht um das Prinzip sexueller Energie an sich. Egal, wie sie sich manifestiert. In allem kann man diese schöpferische Kraft spüren, wenn man will.«

»Und besser, man will?«

»Ja, genau!«

Lachen.

»Es ist schade um die Menschen, die dich nicht lieben dürfen.«

Ihre Augen weiten sich in der Dunkelheit, Unverständnis spricht aus ihnen. Was meint er? Wer darf mich nicht lieben und wieso nicht? Sexualität ist so wichtig, darin sind sie sich einig, aber Liebe? Lukas hatte noch nie über Liebe gesprochen. Sie schaut irritiert zu ihm, sucht seinen Blick, erhält keine Antwort. Eine Gesprächspause. Eine Atempause. Die Körperwärme fängt sich im Bettzeug, als sie sich dicht an ihn legt und seinen Worten nachspürt. Es geschehen lassen. Eine Antwort wird sie nicht mehr bekommen, sein Atem geht ruhig und gleichmäßig.

Gelöst und entspannt gleitet sie wunschlos in den Schlaf.

Angekommen.

Wieder einmal ist sie angekommen. Unvorstellbar schön.

Digitale Transformation
Führung · Organisation

Sabine Sohn, Dieter Conzelmann

MIT DEM SUCCESS LOOP ZUM ERFOLGREICHEN INDUSTRIE 4.0 GESCHÄFTSMODELL

338 S., farbige Abb., Arbeitsbuch in Spiralbindung
978-3-89797-101-1

Claudia Suhr

KOMPETENZENTWICKLUNG VON FÜHRUNGSKRÄFTEN IN PROZESSEN DIGITALER TRANSFORMATION

112 S., Abb., Tab. · 978-3-89797-131-8

Thorben Krokowski, Marisabel González Ocanto

FÜHRUNGSKRÄFTEARBEIT ALS INTERAKTIONSBASIERTE DIENSTLEISTUNG

169 S., Abb., Tab. · 978-3-89797-134-9

Ralf Kopp, Roman Senderek, Bernd Dworschak (Hrsg.)

WORKPLACE INNOVATION & LEADERSHIP

207 S., Abb., Tab. · 978-3-89797-132-5

Rolf Stiefel

FÜHRUNGSKRÄFTE-ENTWICKLUNG: WORÜBER MAN IN DER PRAXIS UNGERN SPRICHT

216 S., Abb., Tabellen, Checklisten, Hardcover
978-3-89797-107-3

Funke-Steinberg / Meilwes / Hoepfner

FÜHRUNGSKULTUR – DIENER DREIER HERREN

96 S., Abb., Hardcover · 978-3-89797-084-7

Führungstools
Organisation · Coaching

Fildhaut / Happich / Höher / Kiggen / Messerschmidt / Reinhardt / Seewald

FÜHRUNGSFRAUEN IM BLICK

220 S., Abb., Tab., Hardcover · 978-3-89797-123-3

Andrea Beddies

CHANGE STORIES.

Die Tücken des Bewahrens.
Oder: Veränderung muss für alle Sinn ergeben

128 S., Abb. · 978-3-89797-139-4

Inge-Marlen Ropers

STEHEN SIE DOCH EINFACH MAL AUF!
SUPERVISION UND COACHING SZENISCH-KREATIV

160 S., Abb., Tab. · 978-3-89797-130-1

Jochen Waibel

SCHWEIGEN SIE NOCH ODER STIMMEN SIE SCHON?
STIMMPERSÖNLICHKEIT – FÜHRUNG – DIALOG

208 S., Abb., Tab., Fotos · 978-3-89797-301-5

Gudrun Kaltwasser, Betty Wollgarten

MACHTRAUM: FRAUEN, FÜHRUNG, MACHT

160 S., Abb. · 978-3-89797-125-7

Wolfgang Looss

UNTER VIER AUGEN: COACHING FÜR MANAGER

217 S., Hardcover · 978-3-89797-038-0

... *Edgar Schein bei EHP* ...

PROZESSBERATUNG FÜR DIE ORGANISATION DER ZUKUNFT

311 S., Abb., Hardcover · 978-3-89797-010-6

ORGANISATIONSKULTUR

180 S., Abb. und zahlr. ›Survival-Tipps‹, Hardcover
978-3-89797-014-4

FÜHRUNG UND VERÄNDERUNGSMANAGEMENT

112 S., Abb., Tab., DVD, Hardcover · 978-3-89797-056-4

AUFSTIEG UND FALL VON DIGITAL EQUIPMENT CORPORATION

272 S., Abb. · 978-3-89797-027-4;

PROZESS UND PHILOSOPHIE DES HELFENS.
Führungskompetenzen I.

224 S., Abb., Hardcover · 978-3-89797-061-8

HUMBLE INQUIRY.
Führungskompetenzen II.

139 S., Abb., Tab., Hardcover · 978-3-89797-086-1

HUMBLE LEADERSHIP.
Führungskompetenzen III.

198 S., Abb., Tab., Hardcover · 978-3-89797-096-0